重庆计算机学会实验教学专业委员会 **推荐用书**

计算机应用基础上机指导

主编 曾蒸 宋超 副主编 李再明 黄克彬 刘泣京

重庆大学出版社

内容提要

　　本书是《计算机应用基础》的配套教材,共分为2篇:实验篇和测试篇。实验篇包括18个上机实验,每个实验包含实验目的、实验内容和实验过程;测试篇包括3套上机模拟测试题,其既可作为期末检测试题,也可作为计算机一级考试上机模拟试题。

　　本书适合作为各专业计算机应用基础课程的配套教材,也可作为各类计算机一级考试培训教材及计算机初学者的自学参考书。

图书在版编目(CIP)数据

计算机应用基础上机指导 / 曾蒸,宋超主编. --重庆:
重庆大学出版社,2017.8
高等职业教育电子商务专业规划教材
ISBN 978-7-5689-0764-4

Ⅰ.①计… Ⅱ.①曾… ②宋… Ⅲ.①电子计算机—高等职业
教育—教学参考资料 Ⅳ.①TP3

中国版本图书馆 CIP 数据核字(2017)第 201145 号

计算机应用基础
上机指导

主　编 曾　蒸 宋　超
副主编 李再明 黄克彬 刘沱京
责任编辑:尚东亮　　版式设计:尚东亮
责任校对:王　倩　　责任印制:赵　晟

*

重庆大学出版社出版发行
出版人:易树平
社址:重庆市沙坪坝区大学城西路 21 号
邮编:401331
电话:(023)88617190　88617185(中小学)
传真:(023)88617186　88617166
网址:http://www.cqup.com.cn
邮箱:fxk@ cqup.com.cn(营销中心)
全国新华书店经销
重庆学林建达印务有限公司印刷

*

开本:787mm×1092mm　1/16　印张:6.75　字数:152 千
2017 年 8 月第 1 版　2017 年 8 月第 1 次印刷
印数:1—3 000
ISBN 978-7-5689-0764-4　定价:25.00 元

前　言

随着计算机科学和信息技术的飞速发展和计算机的普及教育,国内高校的计算机基础教育已踏上了新的台阶,步入了一个新的发展阶段。职业学校在培养未来的高素质技能型人才时,使学生掌握必备的计算机应用基础知识和基本技能,不仅可以提高学生应用计算机解决工作与生活中实际问题的能力,还可以为学生职业生涯发展和终身发展奠定基础。

本书根据教育部高等学校计算机科学与技术专业教学指导分委员会《关于进一步加强高等学校计算机基础教学的意见》和《高等学校非计算机专业计算机基础课程教学基本要求》,结合《重庆市计算机一级考试大纲》进行编写。本书编写的宗旨是使读者较全面、系统地了解计算机基础知识,具备计算机实际应用能力,并能在各自的专业领域自觉地应用计算机进行学习与研究。

本书是《计算机应用基础》的配套教材,共分为2篇:实验篇和测试篇。实验篇包括18个上机实验,每个实验包含实验目的、实验内容和实验过程;测试篇包括3套上机模拟测试题,其既可作为期末检测试题,也可作为计算机一级考试上机模拟试题。

参加本书编写的作者是多年从事一线教学的教师,具有较为丰富的教学经验。在编写时注重原理与实践紧密结合,注重实用性和可操作性;在案例的选取上注意从读者日常学习和工作的需要出发;文字叙述上深入浅出,通俗易懂。

本书由曾燕、宋超担任主编,李再明、黄克彬、刘泷京担任副主编。参加编写的还有霍美丽、袁隆发、陈婷、何丽、惠建国、陈雅琪、汪琴等。教育部高等学校计算机科学与技术专业教学指导分委员会专家工作组成员、重庆计算机学会副理事长马燕教授认真审阅书稿,并提出许多宝贵意见。

由于本书的知识面较广,要将众多的知识很好地贯穿起来难度较大,不足之处在所难免。为便于以后教材的修订,恳请各位专家、教师及其他读者多提宝贵意见。

编　者

2017 年 6 月

目 录

■ 实验篇 ■

■ 测试篇 ■

■实验篇■

第一部分
计算机基础知识

实验 1　Windows 7 的基本操作

📖 实验目的

1.掌握 Windows 7 的启动和退出。

2.认识 Windows 7 的桌面环境及其组成。

3.熟悉"开始"菜单的基本操作。

4.掌握文件和文件管理操作。

📖 实验内容

1.Windows 7 的启动和退出。

2.认识桌面。

3.窗口操作。

4.更改系统日期、时间及时区。

5.管理文件和文件夹。

📖 实验过程

1.Windows 7 的启动和退出

按下显示器和主机电源开关,计算机自动进入 Windows 7 操作系统。若计算机设置了多个用户,会出现多用户欢迎界面。根据屏幕提示输入某用户名及密码,进入 Windows 7 的桌面。若为单用户,则直接进入 Windows 7 的桌面。

关闭所有打开的应用程序窗口。单击任务栏左边"开始"菜单,在弹出的菜单中单击"关机"命令,计算机将自动关机。也可以单击"关机"命令右边的三角按钮选择其他的系统命令,例如"切换用户""注销""重新启动"等实现相应操作,如图1-1所示。

图1-1 "关闭Windows"操作

2.认识桌面

(1)桌面的组成

进入Windows 7界面,如图1-2所示,桌面上有"计算机""网络""回收站""Internet Explorer"等图标,还有"WPS"等应用软件。桌面最下方的小长条是Windows 7系统的任务栏,左下角是"开始"菜单,底部中间显示系统正在运行的程序,右下角显示输入法、电量、音量和当前时间等内容。

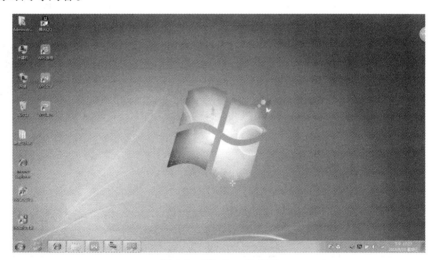

图1-2 Windows 7桌面

(2)认识"附件"

Windows系统中自带很多工具,比如画图、计算器、记事本等,在第一次使用Windows 7系统时,可能没有安装相应的应用软件,则可以利用系统自带的工具进行操作。

单击桌面左下角的"开始"菜单,依次单击选择"所有程序"→"附件",找到相应的工具点击进入,在"轻松访问"文件夹下还有放大镜、屏幕键盘等工具,如图1-3所示。

图1-3 认识附件

3. 窗口操作

双击桌面上的"计算机""Internet Explorer"图标,同时打开2个窗口,得到如图1-4所示的界面,每个窗口的右上角分别是"最小化""最大化"和"关闭"按钮。单击"最小化",窗口变为任务栏上的一个图标;单击"最大化",窗口占满整个桌面,此时"最大化"按钮变为"还原"按钮;单击"关闭",窗口则被关闭。

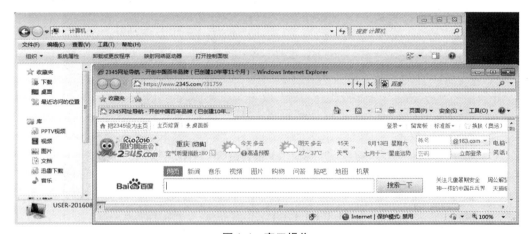

图1-4 窗口操作

如果要对窗口进行排列,则右击任务栏空白处,选择"层叠窗口"命令,可将所有打开的窗口层叠在一起,如图1-5所示。单击某个窗口的任意位置,可将该窗口显示在其他窗口之上;选择"堆叠显示窗口"命令,可在屏幕上横向平铺所有打开的窗口,如图1-6所示。用户可以很方便地在两个窗口之间进行复制和移动文件;选择"并排显示窗口"命令,可在屏幕上并排显示所有打开的窗口,如图1-7所示。如果打开的窗口多于两个,将以多排显示。

图 1-5　层叠窗口

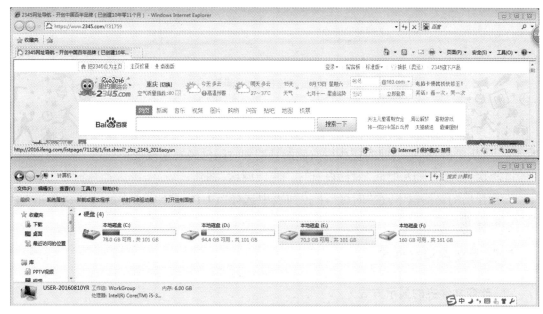

图 1-6　堆叠显示窗口

图 1-7　并排显示窗口

4. 更改系统日期、时间及时区

请按以下步骤操作,将系统日期设为"2016 年 8 月 12 日",系统时间设为"09:28:56",时区设为"首尔"。

①右击任务栏最右侧的时间,在弹出的菜单中选择"调整日期/时间"项,如图 1-8 所示;

图 1-8　修改系统日期、时间及时区

②在弹出的对话框中,单击"更改日期和时间"按钮;

③在弹出的对话框中,依次更改年份为"2016",月份为"8",日期为"12",时间为"09:28:56",依次单击"确定",此时任务栏右侧的日期和时间已经发生改变;

④再次打开"日期和时间"对话框,单击"更改时区"按钮;

⑤在弹出的对话框中,在"时区"下拉列表中选择"(UTC+09:00)首尔",依次单击"确定"按钮,设置生效。

5. 管理文件和文件夹

(1)改变文件夹的显示方式

双击桌面上"我的文档"图标,在窗口中可以看到文件夹排列情况,如果要改变文件夹的显示方式,则右击空白处,在弹出的菜单中选择"查看",或者直接在"资源管理器"窗口中单击"查看"菜单,在显示的子菜单中根据情况选择,比如"超大图标""列表""详细信息""平铺"等,如图 1-9 所示,单击后可查看文件夹及文件的显示有何变化。

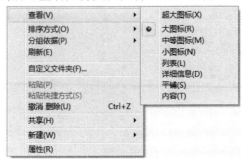

图 1-9　查看

在"我的文档"窗口中空白处单击右键,选择"排序方式",或直接在"资源管理器"中单击"查看"菜单中的"排序方式",在显示的子菜单中根据情况选择,可以将资源管理器窗口中的文件和文件夹进行排序显示,如图 1-10 所示。"分组依据"子菜单项可以将资源管理器中的文件和文件夹进行分组,如图 1-11 所示。

图 1-10 "排序方式"子菜单   图 1-11 "分组依据"子菜单

在"资源管理器"中单击"工具"菜单中的"文件夹选项",单击"常规"按钮,改变"浏览文件夹"和"打开项目的方式"中的选项,单击"确定",之后试着打开不同的文件夹和文件,观察显示方式及打开方式的变化,如图 1-12 所示。

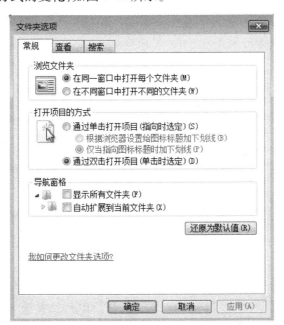

图 1-12 "文件夹选项"对话框"常规"选项卡

仍然打开"文件夹选项"对话框,单击"查看"按钮,选中"隐藏已知文件类型的扩展名"复选框,单击"确定",观察文件显示方式的变化,如图 1-13 所示。

(2)创建文件夹和文件

打开"资源管理器"窗口。

①在窗口中空白处单击右键,依次选择"新建"→"文件夹"按钮,再给文件命名,以方便查找,按回车键完成。

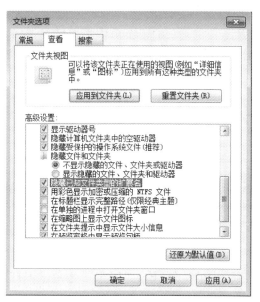

图 1-13　"文件夹选项"对话框"查看"选项卡

②选择"文件"菜单下的"新建",再选择"文件夹"命令,然后输入文件夹名称,按回车键完成。

③双击新建好的"文件夹",在窗口空白处单击鼠标右键,在弹出的快捷菜单中选择"新建",再选择"Microsoft Word 文档"命令,然后输入文件名称,按回车键完成。

（3）**重命名文件**

找到需要重命名的文件,鼠标选中它,在"资源管理器"中"文件"菜单下选择"重命名"命令,或者单击鼠标右键,在快捷菜单中选择"重命名",然后输入新的名称,单击回车即可。

（4）**复制、移动文件和文件夹**

打开"资源管理器"窗口。

①找到需要复制的文件或文件夹,选择"编辑"菜单下的"复制"命令,或者按组合键 Ctrl+C,或者单击鼠标右键,在快捷菜单中选择"复制",此时文件或文件夹被复制到剪贴板中。

②打开目标文件夹,选择"编辑"菜单下的"粘贴"命令,或者按组合键 Ctrl+V,或者单击鼠标右键,在快捷菜单中选择"粘贴",此时,文件或文件夹已被复制到目标文件夹中。

移动文件的步骤与复制基本相同,只需将其中的"复制"命令改为"剪切",或者将组合键 Ctrl+C 改为组合键 Ctrl+X 即可。

（5）**删除文件**

找到需要删除的文件或文件夹,单击"文件"菜单下的"删除"命令,或者直接按键盘上的 Del/Delete 键,在弹出的"删除文件"对话框中,单击"是"按钮即可删除所选文件。

实验 2 操作文件和文件夹

📖 实验目的

1. 掌握新建文件和文件夹的方法。
2. 掌握文件和文件夹重命名方法。
3. 掌握移动或复制文件和文件夹的方法。
4. 掌握删除文件和文件夹的方法。

📖 实验内容

1. 在桌面新建文件夹命名为"考试文件夹",新建文本文档 DJKS1. txt 和 DJKS2. txt。
2. 在考试文件夹中分别用学生姓名和"期末考试 2"建立两个一级文件夹,并在"期末考试 2"下再建立两个二级文件夹"AAA"和"BBB"。
3. 将前面的 DJKS1. txt 和 DJKS2. txt 文件复制到"期末考试 2"文件夹中。
4. 将前面的 DJKS1. txt 文件复制到以学生姓名为名称的文件夹中,并更名为"姓名. txt"。

📖 实验过程

1. 创建文件和文件夹

①在桌面空白处单击右键,在弹出的快捷菜单中选择"新建"→"文件夹"命令,此时可以看到在桌面上出现了一个新的文件夹图标,其名为"新建文件夹"。

②选中该文件夹按快捷键 F2 或单击右键在弹出的菜单中选择"重命名"命令,则其文件名变为可编辑状态,此时输入新的文件名"考试文件夹",按 Enter 键确认或单击任意空白处。

③单击"开始"按钮,在开始菜单中选择"所有程序"→"Windows 附件"→"记事本"命令,打开记事本应用程序。单击"文件",在下拉菜单中选择"另存为"命令,在弹出的"另存为"对话框中,设置文件保存路径为"桌面",文件名为"DJKS1. txt",单击"保存"按钮即可完成文件"DJKS1. txt"的创建。

④参照步骤 3 创建文件"DJKS2. txt",并在考试文件夹中分别用自己的姓名和"期末考试 2"建立两个一级文件夹,并在"期末考试 2"下再建立两个二级文件夹"AAA"和"BBB"。

2. 选定文件和文件夹

（1）选定单个文件或文件夹

在资源管理器窗口右半部分的内容窗口中单击需要选定的文件或文件夹,其图标变为

选中状态,单击窗口任意空白处即可取消选中的文件或文件夹。

(2)选定多个连续文件或文件夹

在资源管理器窗口右侧的内容窗口中单击需要选定的第一个文件或文件夹,按住 Shift 键,将鼠标指针移动到需要选择的最后一个文件或文件夹并单击,可以选中一组连续的文件或文件夹。单击窗口任意空白处可取消选中的文件。

(3)选定多个不连续文件或文件夹

在资源管理器窗口右侧的内容窗口中,按住 Ctrl 键的同时,单击每个需要选定的文件或文件夹图标,可以选中一组不连续的文件或文件夹。单击窗口任意空白处可取消选中的文件。

(4)全选所有文件

在资源管理器窗口中执行“编辑”→“全选”命令,或者直接按 Ctrl+A 组合键,则该窗口的所有文件和文件夹均变成被选中状态。单击窗口任意空白处可取消选中的文件。

3. 复制文件

①选中文件“DJKS1.txt”和文件“DJKS2.txt”,执行“编辑”→“复制”命令,或者按 Ctrl+C 组合键。

②进入“期末考试 2”文件夹。

③执行“编辑”→“粘贴”命令或按 Ctrl+V 组合键,此时就可以看到文件的复制过程,完成文件复制。

4. 移动文件

①选中“DJKS1.txt”文件,执行“编辑”→“剪切”命令或者按 Ctrl+X 组合键。

②进入以学生姓名为名称的文件夹中。

③执行“编辑”→“粘贴”命令或按 Ctrl+V 组合键,即可完成文件的移动。

5. 重命名文件或文件夹

选中 DJKS1.txt 文件,单击右键,在弹出的快捷菜单中选择“重命名”命令,则其文件名变为可编辑状态,此时输入新的名称,按 Enter 键确认或单击任意空白处。

或选中文件后按 F2 键,也可以修改文件或文件夹的名称。

6. 删除文件

方式一:选中要删除的文件或文件夹,执行“文件”→“删除”命令,即可删除文件或文件夹。

方式二:选中需要删除的文件或文件夹,单击右键,在弹出的快捷菜单中选择“删除”命令,即可删除文件或文件夹。

实验 3　Windows 7 安全与维护

📖 实验目的

1. 掌握 Windows 7 的系统维护。
2. 掌握 Windows 7 的安全防护功能。
3. 使用 360 安全卫士维护 Windows 7 系统。

📖 实验内容

利用 Windows 7 自带的工具维护系统,同时利用杀毒软件进行系统维护。

📖 实验过程

1. Windows 7 的系统维护

(1)使用 Windows 7 的系统维护功能

Windows 7 自带了几个好用的系统维护工具,如磁盘碎片整理工具、磁盘检查与修复工具、系统还原工具等。

单击"开始"程序,选择"附件",然后选择"系统工具",单击"磁盘碎片整理程序",可以适当提高系统运行的速度,让硬盘拥有更多的剩余空间,如图 1-14 所示。

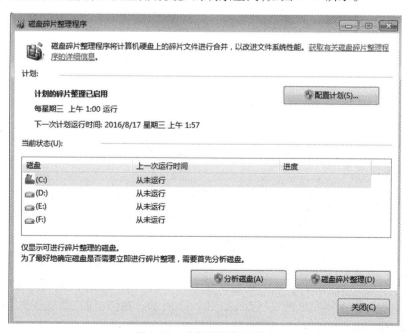

图 1-14　磁盘碎片整理程序

（2）检查磁盘错误并修复

Windows 7 提供的磁盘错误检查功能可以检测当前磁盘中存在的错误,如果发现错误还可以进行修复,从而确保磁盘中存储数据的安全。右击要进行错误检查的磁盘,在弹出的快捷菜单中选择"属性"项,然后选择"工具"按钮,点击"查错"选项下的"开始检查",在出现的对话框中同时选中两个复选框,单击"开始"即可,如图 1-15 所示。如果要检查的磁盘正在被使用,则会弹出提示对话框,如图 1-16 所示。单击"计划磁盘检查"按钮,当下一次启动 Windows 7 时,电脑会自动检查磁盘错误。

图 1-15　检查磁盘并修复

图 1-16　无法检查磁盘

（3）使用系统还原

使用 Windows 7 的系统还原功能可以将系统快速还原到先前的某个状态(创建还原点时的状态)。这种还原不会影响用户创建的个人文件,多用于出现安装程序错误、系统设置错误等情况时,即将系统还原到之前可以正常使用的状态。

①右击桌面上的"计算机"图标,在弹出的快捷菜单中选择"属性"项,打开"系统"窗口,然后单击"系统保护",在弹出的对话框中选择"系统保护"选项,然后单击"保护设置"下的"系统"磁盘,再点击"创建"单击"确定",如图 1-17 所示。在弹出的"系统保护"对话框中选择"创建",如图 1-18 所示。

图 1-17　系统保护

图 1-18　创建还原点

②在"控制面板"窗口中,单击"系统和安全"图标,单击"查看您的计算机状态"进入"操作中心"界面,点击"恢复"选项,如图 1-19 所示。

图 1-19　点击"恢复"选项

在弹出的"恢复"窗口中,选择"打开系统还原"按钮,弹出"系统还原"对话框,选择"选择另一还原点",单击"下一步",在出现的列表中选择创建的还原点,单击"下一步",确认所选的还原点,单击"完成",然后出现提示对话框,单击"是"按钮后系统自动重新启动,并开始进行还原操作,如图1-20所示。当电脑重启后,如果还原成功,会打开一个告知用户系统还原成功的提示对话框,单击"关闭"按钮,完成还原操作。

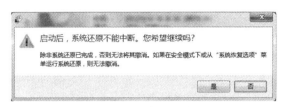

图1-20 "系统还原"提示

在还原系统的过程中,电脑需要重新启动并进行还原操作,因此在还原系统前用户需要保存正在进行的工作,避免在还原过程中由于系统重启而导致文件的丢失。

2. 使用 Windows 7 的安全防护功能

(1) 管理 Windows 7 的自动更新

病毒、黑客之所以能入侵电脑,大多数是由操作系统自身的漏洞造成的。利用 Windows 7 的自动更新功能可以自动检测系统漏洞,并提供相应的补丁来修复漏洞,从而确保系统始终处于一个相对安全稳定的状态。

打开"控制面板",选择"系统和安全"下的"查看您的计算机状态",然后单击"Windows Update",找到"更改设置"按钮,并单击,在弹出的对话框中开启并设置 Windows 7 自动更新的频率和时间,如图1-21所示。

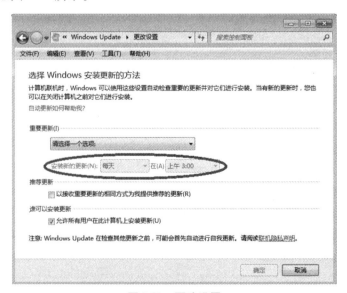

图1-21 更改设置

（2）**使用 Windows 7 防火墙**

防火墙就像是电脑与外部网络之间的一堵墙，使用它能够有效地阻止来自 Internet 或局域网中的网络攻击和恶意程序，从而保护操作系统的安全。

Windows 7 在默认情况下已经打开了其内置的防火墙，如果遇到一些意外情况需要关闭或重新开启防火墙。打开"控制面板"，单击"系统和安全"，找到"Windows 防火墙"，然后选择"打开或关闭 Windows 防火墙"，如图 1-22 所示。打开 Windows 防火墙"自定义设置"窗口，在该界面可分别设置在不同网络位置时防火墙的开启和关闭状态。设置完毕后单击"确定"按钮，如图 1-23 所示。

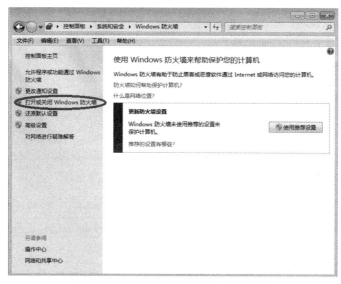

图 1-22　打开或关闭 Windows 防火墙

图 1-23　防火墙"自定义设置"

当电脑处于公用网络位置时,可选中"公用网络位置设置"下的"阻止所有传入连接,包括位于允许程序列表中的程序"复选框,以保护电脑的安全。

通过自定义 Windows 防火墙的入站,可以允许或阻止指定的程序或功能通过防火墙,从而限制这些程序或功能接收外部数据。

在"Windows 7 防火墙"窗口单击左侧的"允许程序或功能通过 Windows 防火墙"选项,打开"允许的程序"窗口。在"允许的程序和功能"列表中列出了系统自动为电脑中的程序和功能创建的入站规则,如图 1-24 所示。

图 1-24　Windows 防火墙"允许的程序"窗口

如果要阻止列表中已有的应用程序的入站规则,只需取消应用程序名称前的复选框;如果想删除某一规则,只需在列表中选择该规则,然后单击"删除"按钮。

单击"允许运行另一程序"按钮,打开"添加程序"对话框,找到要添加入站规则的程序,单击"添加"按钮,即可为该程序手动创建入站规则。

3. 使用 360 安全卫士维护 Windows 7 系统

(1)对电脑进行体检

当启动 360 安全卫士时,软件会显示用户有多少天没有进行体检了,建议立即进行体检。单击"立即体检"按钮,软件会对系统进行检测。体检完毕,将显示体检结果,其中显示了检测到的不安全因素。若想对某个不安全因素进行处理,可单击其右侧的按钮,然后按照提示进行操作即可。也可直接单击"一键修复"按钮,让软件自动修复电脑,如图 1-25 所示。

图 1-25　电脑体检

（2）**查杀木马**

木马是远程控制软件,木马传播者利用各种渠道(例如邮件附件、恶意网页等)将木马种植在用户电脑上,这样他们便可以远程控制用户电脑,盗窃用户电脑中的重要资料、账号和密码等。

360 安全卫士采用了新的木马查杀引擎,应用了云安全技术,能够更有效地防范和查杀木马,保护系统的安全。单击 360 安全卫士首页的"查杀修复",根据情况选择"快速扫描""全盘扫描"或"自定义扫描",扫描完成后,自动提示是否有威胁,如果有威胁,则单击"立即修复"即可,如图 1-26 所示。

图 1-26　查杀修复

（3）**电脑清理**

Windows 7 系统和应用程序在运行过程中会产生许多垃圾文件,包括临时文件、日志文件、临时帮助文件、磁盘检查文件、临时备份文件,还有上网时产生的缓存文件等,这些垃圾文件不仅占用了磁盘空间,还严重影响了系统的运行速度,需要定期清理。

在 360 安全卫士主界面中单击"电脑清理"按钮,在打开的"一键清理"界面中选择要清理的垃圾文件类型,如选择清理垃圾、插件、痕迹和注册表等,然后单击"一键清理"按钮,系统自动对所选的垃圾文件类型进行清理,清理完毕,将显示清理结果,如图 1-27 所示。

图 1-27　电脑清理

(4)提升电脑运行速度

如果用户觉得打开网页的速度,开机、关机速度,电脑的运行速度,以及网速等太慢的话,可以利用 360 安全卫士的"优化加速"功能,扫描电脑中影响运行速度的因素,然后对其进行优化操作,如图 1-28 所示。

图 1-28　优化加速

第二部分
Word 2010 的使用

实验 1　Word 2010 文字录入和基本格式设置

📖 实验目的

1. 掌握文档创建及保存的方法。
2. 掌握文档的录入方法。
3. 掌握文本的选定、删除、插入与改写、查找与替换、移动、复制方法。
4. 掌握 Word 字体、字形、字号等字符格式设置。
5. 掌握 Word 段落间距、行距、对齐方式、边框和底纹、首字下沉等设置。
6. 掌握文档页面设置。

📖 实验内容

新建 Word 文档,输入文字并按照要求进行文字设置、段落设置及页面设置。

📖 实验过程

1. 文字录入

①启动 Word 2010 程序。单击"开始菜单",选择"所有程序"→"Microsoft Office"→"Microsoft Word 2010",新建 Word 文档。

②录入以下内容:

受人欢迎的四句话

星云大师

一、为受窘的人说一句解围的话。助人不只是金钱、劳力、时间上的付出,说话也可以帮助别人。例如,有些人处在尴尬得不知如何下台的窘境时,你及时说出一句帮他解围的话,也是助人的一种。

二、为沮丧的人说一句鼓励的话。西谚云:"言语赋予我们的功用,是在我们之间作悦耳之辞。"什么是悦耳之辞?就是说好话。说好话让人如沐春风,让人生发信心。遇到因受挫而心情沮丧的人,给他一些鼓励,一些鼓舞信心的话,就是以言语给他人力量。

三、为疑惑的人说一句点醒的话。荀子说:"赠人以言,重于金石珠玉。"遇到徘徊在人生路口的人、对生命有疑惑的人,及时用一句有用的话点醒,有时会改变他的一生,甚至挽回一条性命。

四、为无助的人说一句支持的话。无助的人信心不足,需要他人给予肯定才有力量。这样的人经常生活在别人的善恶语言中,一句话可以改变他的心情好坏。面对无助的人,我们应该多讲给予支持的话,让他对自己生发信心、肯定自我。

《说苑》曰:"君子之言寡而实,小人之言多而虚。"话不在多,而在贴切与恰当。孟子说:"言近而旨远者,善言也。"如果所说浅近,但是用意深远,就是一句好话。所以,话要谨慎说,才不会让人觉得轻薄,甚至招怨。

摘自《爱你》

③将以上所录入内容保存到"D:\练习"文件夹中(如果该文件夹不存在,请自建),文件名为"受人欢迎的四句话"。

2. 字符格式设置

①打开上一步骤创建的文档"受人欢迎的四句话"。

②执行"插入"→"符号"命令,在文档第二行"星云大师"前后各插入四个符号"★",如图 2-1 所示。在文中的最后一行前插入一个符号"📖",如图 2-2 所示。

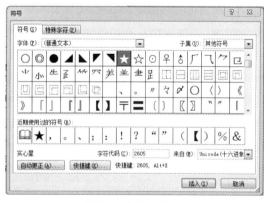

图 2-1　插入符号★

图 2-2　插入符号📖

③设置文档的标题"受人欢迎的四句话"为黑体,三号,加灰色底纹,居中对齐;设置"受人欢迎"四个字为中文加圈格式。选中"受人欢迎的四句话",在"开始"工作组的"字体"面板中设置字体为"黑体",字号为"三号",如图 2-3 所示,然后单击"字符底纹"按钮 A ,设置

底纹为灰色底纹。再次选中"受人欢迎",单击"带圈字符"按钮  ,在弹出的"带圈字符"对话框中选择"增大圈号"为字符添加圆圈格式,如图 2-4 所示。最后在"段落"面板中单击"居中对齐"按钮 ,使文字居中对齐。

图 2-3　设置字体字号

图 2-4　带圈字符对话框

④将正文所有段落首行缩进 2 个字符,行距设为 1.5 倍行距,字符为楷体_GB2312,四号。选中正文所有段落,在"开始"工作组中的"字体"面板中设置字体字符为楷体_GB2312,字号为四号。然后,单击"段落"面板中显示的"段落"对话框按钮 ,在弹出的"段落"对话框中设置段落首行缩进 2 字符,行距设为 1.5 倍行距,如图 2-5 所示。

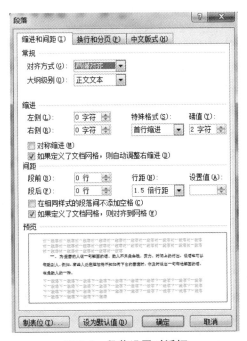

图 2-5　段落设置对话框

⑤设置"星云大师"该段,文字加粗,居中对齐,段前间距 0.5 行,段后间距 1 行。按照上一步骤对"星云大师"进行段落设置。

⑥设置正文第一段首字下沉,字符下沉行数为两行,段后间距为 1 行。选中正文第一段首字"一",在"插入"工作组的"字体"面板中单击"首字下沉"按钮 ,在弹出的下拉菜单中选择"首字下沉"选项,在弹出的"首字下沉"对话框中进行设置,如图 2-6 所示。

⑦借助格式刷设置正文第 2～5 自然段的第一句话为加粗、倾斜、蓝色，并对这 4 个自然段落设置分栏效果。首先，选中第 2 自然段的第一句话应用加粗、倾斜、蓝色样式。选中该句话，双击"开始"工作组中"剪贴板"组中的"格式刷"按钮 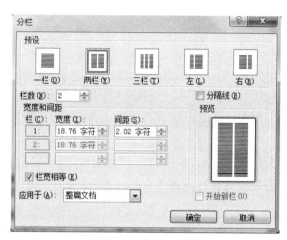，选中第 3～5 自然段第一句话应用样式。最后选中第 2～5 自然段，在"页面布局工作"的"页面设置"面板中单击"分栏"按钮，在弹出的下拉菜单中选择"更多分栏"，在弹出"分栏"对话框中选中"两栏"完成分栏设置，如图 2-7 所示。

图 2-6　首字下沉对话框

图 2-7　设置分栏对话框

⑧设置"说苑"该段段前间距为 1.5 行，段落左右各缩进 2 个字符，并给该段加上黑色阴影边框，宽度为 3 磅，并添加灰色 5% 底纹。选中该段落，在"段落"对话框中设置段前间距为 1.5 行，段落左右各缩进 2 个字符。然后在"开始"工作组中的"段落"面板中单击"下框线"按钮，在弹出的下拉菜单中选择"边框和底纹"，在弹出的"边框和底纹"对话框中进行设置，如图 2-8 所示。

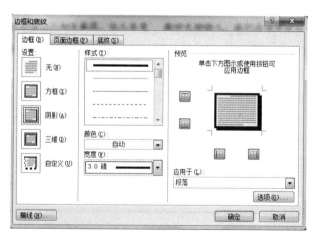

图 2-8　边框和底纹对话框

⑨设置"摘自"最后一段右对齐。

⑩排版完毕,以原文件名原位置保存文档,文档最终效果如图2-9所示。

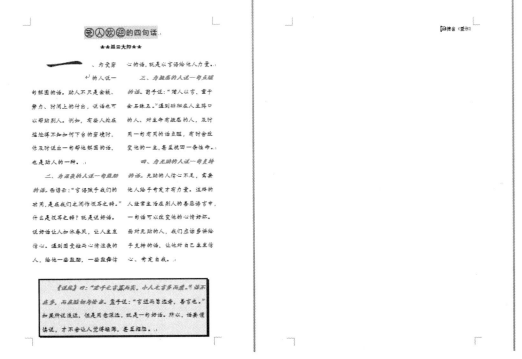

图2-9　最终效果图

3. 页面设置

①打开上一步所创建的文档"受人欢迎的四句话"。

②设置整篇文档的纸张大小为B5。在"页面布局"工作组中单击"纸张大小"按钮 ,在弹出的下拉列表中选择B5纸张。

③设置整篇文档的上下左右页边距为2厘米。在"页面布局"工作组中单击"页边距"按钮 ,在弹出的下拉菜单中选择"自定义边距",在弹出的对话框中设置上下左右边距均为2厘米,如图2-10所示。

④执行"页面布局"→"页面背景"→"水印"命令,为文档设置文字水印"美文赏析",如图2-11所示。

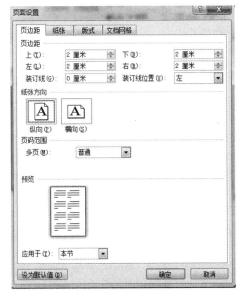

图2-10　页面设置对话框

图 2-11　页面水印

⑤为文档添加页眉"美文赏析",页脚部分插入页码,居中显示。在"插入"工作组中"页眉和页脚"面板中单击"页眉"按钮，在弹出的下拉菜单中选择"空白",在弹出的页眉中输入文字"美文欣赏",如图 2-12 所示。然后单击"页码"按钮，添加页码,如图 2-13 所示。

图 2-12　页眉设置

图 2-13　页码设置

⑥排版完毕,以原文件名原位置保存文档,最终效果如图 2-14 所示。

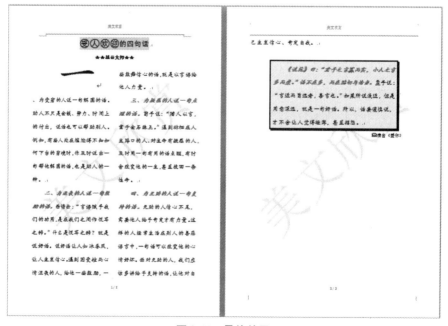

图 2-14　最终效果

【小技巧】

录入正文时应注意：

①不要每行回车。Word 2010 有自动换行的功能,只有在一个段落结束时才使用回车键换行。

②不用插入空格来产生缩进和对齐。通过后面所学的段落格式设置很容易达到指定的效果,如标题居中、首行缩进。

③要经常存盘。Word 2010 默认 10 分钟自动存盘一次,建议用户几分钟存一次盘,以避免意外死机导致录入内容丢失。

④使用"撤销"功能。如果在录入过程中不当操作使文档格式发生很大变化,这时不需要重新操作一次,只要执行"编辑"→"撤销"命令或单击"撤销"工具按钮就可以恢复原来状态。

⑤注意保留备份。计算机硬盘的突然失效,或者别人无意删除了文件,都会带来重大损失。如果重要文档在别处做了备份,那么损失将会降到最低。

实验2 图文混排

📖 实验目的

1. 掌握图片的插入及图片格式设置。
2. 掌握艺术字的插入和设置。
3. 掌握自选图形的插入和设置。

📖 实验内容

在文字基本格式设置的基础上,掌握图片、艺术字和自选图形的使用,最终制作一份图文并茂的"IT俱乐部邀请书"。

📖 实验过程

1. 文本排版

①在"D:\练习"文件夹中新建文档"IT俱乐部邀请书",录入以下内容。

IT俱乐部邀请书
社团简介:IT俱乐部经过精心准备,现在闪亮登场!
IT俱乐部只欢迎持认真交友态度的用户,我们将采用比较严格的程序,对所有加入的用户进行资料审核、身份验证,以保证社区的纯净。全力打造一个高素质人群的时尚交友社区!IT俱乐部诚招共创人!IT俱乐部,一个阳光部落!
服务宗旨:普及计算机知识,提高全校同学计算机操作水平。
会员须知:遵守IT俱乐部的章程。
专题活动:
程序进阶
动漫天地
办公一族
数码时尚
硬件点滴
加入流程:
填写申请表→面试→通知结果
联系我们:13903710520
IT学生社团
2010.03.01

②将标题"IT 俱乐部邀请书"字体设置为隶书,字号小二,对齐方式为居中对齐,英文字体设置为 Lucida Console,段前和段后间距各为 0.5 行。

③借助于格式刷,设置"社团简介""服务宗旨""会员须知""专题活动""加入流程""联系我们"小标题字体为黑体,四号,字符加灰色底纹;"社团简介""服务宗旨""会员须知""联系我们"后面的文字字体设置为黑体,小四,小标题所在段落行距设置为 1.5 倍行距。

④设置"IT 俱乐部只欢迎……"和"填写申请表"两段文本字体为宋体,小四,段落行距为 1.25 倍行距,设置"填写申请表"该段左缩进 5 个字符。

⑤设置"专题活动"后的 5 个段落的字体为宋体,小四,段落行距为 1.25 倍行距,左缩进 5 个字符,并插入如图 2-15 所示的项目符号 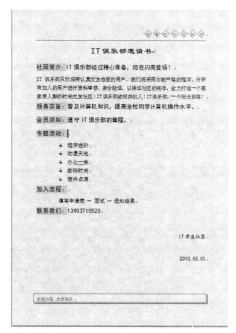 。

⑥设置"IT 学生社团"段落段前间距为 2 行,选定最后两段,设置其字体为楷体_GB2312,小四,段落行距为 1.25 倍行距,右对齐。

⑦在页眉处输入"信息时代任我行",设置为宋体、五号、右对齐,并对每个字设置为如图 2-15 样文所示的中文加圈格式。在页脚处输入"诚邀加盟　共享快乐",设置为五号、宋体、左对齐,同时为文字添加蓝色、3 磅、带阴影边框。

图 2-15　文本排版最终效果

⑧执行"页面布局"→"页面背景"→"页面颜色"命令,在"填充效果"对话框中的"纹理"选项卡中选择设置文档的背景为"羊皮纸"。

⑨设置文档的纸张大小为 B5,上下左右页边距均为 2 厘米。

⑩保存排版后的文档,最终效果如图 2-15 所示。

2. 图片的使用

①打开上一步骤创建的文档"IT 俱乐部邀请书"。

②删除原标题,把原标题换成艺术字,艺术字字体为方正舒体,字号为 32 号,形状为桥型,设置艺术字文字环绕方式为"上下型"。在"插入"工作组中"文本"面板单击"艺术字"按钮 ,在弹出的选项中选择"强调颜色 2",在弹出的文本框中输入"IT 俱乐部邀请书"。在"开始"工作组中设置字体为方正舒体,字号为 32 号。切换到"格式"工作组中的"艺术字样式"面板,单击"文本效果"按钮,在弹出的下拉列表中选择"转换"→"桥型",如图 2-16 所示。在"格式"→"排列"面板中单击位置按钮 ,在弹出的下拉菜单中选择"其他布局"选项,在弹出的"布局"对话框中切换到"文字环绕"选项卡,设置文字环绕方式为"上下型",如图 2-17 所示。

图 2-16　设置艺术字为桥型　　　　　　　图 2-17　布局对话框

③单击"插入"→"插图"→"形状"→"星与旗帜"→"爆炸型 1",在文档中添加自选图形,并添加文字"快来报名!",设置文字为宋体,蓝色,四号。选中该自选图形,单击"格式"→"形状样式"→"形状填充",为自选图形填充颜色"橙色",填充效果为"纸莎草纸",单击"形状效果"→"三维旋转",设置三维效果样式为"离轴 2 左",如图 2-18 所示。

图 2-18　形状样式面板

④在文档中插入剪贴画,设置图片高为 5 厘米,选中"锁定纵横比"选项,图片版式为四周型。单击"插入"→"插图"→"剪贴画",在弹出的剪贴画对话框"搜索文字"中输入"计算机",单击"搜索"按钮,如图 2-19 所示。选中第一幅剪贴画插入文档中,选中该剪贴画,在"格式"→"大小"中设置图片高为 5 厘米,如图 2-20 所示。在"格式"→"位置"中设置图片版式为四周型。

图 2-19　剪贴画对话框　　　　　　　图 2-20　设置图片大小

⑤完成后保存文档,文档最终效果如图 2-21 所示。

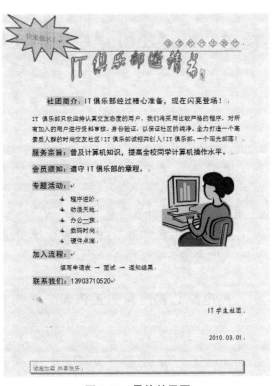

图 2-21　最终效果图

实验 3 Word 2010 中表格的使用

📖 实验目的

1. 掌握表格制作。
2. 掌握表格中公式的插入。

📖 实验内容

制作如图 2-22 所示的"电脑公司三月份工资表"。

要求:应发合计＝基本工资+职务津贴,实发工资＝应发合计−扣除合计。通过公式插入的方法计算并且填写应发合计、实发工资和单项合计。

电脑公司三月份工资表

姓名	应发工资			扣除		实发工资
	基本工资	职务津贴	合计	退休保险	住房基金	
李明	3000	900	3900	190	50	3660
韩梅梅	2500	600	3100	145	50	2905
高飞	2000	450	2450	105	50	2295
杜壮	3500	1200	4700	220	50	4430
合计	11000	3150	14150	660	200	13290

图 2-22　电脑公司三月份工资表

📖 实验过程

1. 创建规则表格

单击"插入"面板组中的"插入表格"按钮,在文档开始处插入一个 7 行 7 列的规则表格,如图 2-23 所示。

图 2-23　插入 7 行 7 列表格

2. 修改表格

选定第 1 行第 1 列和第 2 行第 1 列两个单元格,在"表格工具"→"布局"中选择"合并单元格"命令,把这两个单元格合并成一个。按同样的方法合并第 1 行第 2,3,4 列 3 个单元格,第 1 行第 5,6 列两个单元格和第 1 行第 7 列和第 2 行第 7 列两个单元格,最终效果如图 2-24 所示。

↵	↵			↵		↵
	↵	↵	↵	↵	↵	
↵	↵	↵	↵	↵	↵	↵
↵	↵	↵	↵	↵	↵	↵
↵	↵	↵	↵	↵	↵	↵
↵	↵	↵	↵	↵	↵	↵

图 2-24 合并单元格后样式

3. 编排文字

按样表所示内容在单元格中输入文字,选定整个表格,设置其字体为宋体,五号字,在"表格工具"→"布局"→"对齐方式"中设置文字水平居中,垂直居中。然后选择第一列(除第一行)所有单元格,设置其对齐方式为水平居左,垂直居中。

输入表格标题"电脑公司三月份工资单",字体设置为黑体,小三,居中对齐。设置完成后如图 2-25 所示。

电脑公司三月份工资表

姓名	应发工资			扣除		实发工资
	基本工资	职务津贴	合计	退休保险	住房基金	
李明	3000↵	900↵	↵	190↵	50↵	↵
韩梅梅	2500↵	600↵	↵	145↵	50↵	↵
高飞	2000↵	450↵	↵	105↵	50↵	↵
杜壮	3500↵	1200↵	↵	220↵	50↵	↵
合计	↵	↵	↵	↵	↵	↵

图 2-25 编排文字后效果图

4. 表格中数据的计算

(1) 计算每个人的应发工资

将插入点定位到李明的应发合计单元格中。

执行"表格"→"公式"命令,在"公式"栏中显示计算公式" =SUM(LEFT)",如图 2-26 所示。其中"SUM"表示求和,"LEFT"表格是对当前单元格左面(同一行)的数据求和。也可以在"公式"栏中输入" =B3+C3"。

单击"确定"按钮,计算结果 3 900 就自动填到单元格内。

按以上步骤,可以求出其他 3 人的应发合计。

图 2-26　计算应发合计

(2)计算每个人的实发工资

将插入点定位到李明的实发工资单元格中,打开"公式"对话框,在"公式"栏中输入"=D3-E3-F3",如图 2-27 所示,单击"确定"按钮,计算结果 3 660 就自动填到单元格内。

按同样的方法可以求出其他 3 人的实发工资。

图 2-27　计算实发工资

(3)计算单项合计

将插入点定位到基本工资合计单元格中,打开"公式"对话框,在"公式"栏中输入"SUM(ABOVE)"或"=B3+B4+B5+B6",如图 2-28 所示,单击"确定"按钮,计算结果 11 000 就自动填到单元格内。按同样的方法可以求出其他单项合计。

图 2-28　计算基本工资合计

5. 修饰表格

设置表格外框线的线型为实线,粗细为 0.25 磅,颜色为黑色。选定表格第 1 行和第 2

行,设置底纹颜色为灰色 10% ,如图 2-29 所示。

电脑公司三月份工资表

姓名	应发工资			扣除		实发工资
	基本工资	职务津贴	合计	退休保险	住房基金	
李明	3000	900	3900	190	50	3660
韩梅梅	2500	600	3100	145	50	2905
高飞	2000	450	2450	105	50	2295
杜壮	3500	1200	4700	220	50	4430
合计	11000	3150	14150	660	200	13290

图 2-29　最终效果图

实验 4　长文档编辑

📖 实验目的

1. 掌握样式的使用。
2. 掌握自动生成目录。
3. 掌握页眉页脚的高级使用。

📖 实验内容

录入一篇论文"浅谈数码相机中的图像放大算法",要求对其进行编排,分成封面、目录和正文 3 部分。

📖 实验过程

1. 新建一个名称为"毕业论文"的文档

录入以下内容:

浅谈数码相机中的图像放大算法

计算机专业　张骞

黄河工程大学

2017 年 06 月

摘要

全球高新技术的飞速发展,极大地促进了各项事业的进步与提高,计算机图形学已成为各领域迫切需要的技术,特别是数码相机进入千家万户,对数码相机的图片处理技术要求越来越高,对放大处理技术迫在眉睫。

关键词:数码相机　灰度值　插值

Abstract

The rapid development of the high and new technology accelerates the enhancement of various enterprises. Computer graphics falls into the most urgent category needing developing.

Keywords: Digital camera Gray-scale Interpolation

第 1 章　绪论

1.1　课题背景

20 世纪 90 年代崛起的数码相机,是现代通信、计算机产业、照相机产业高速发展的产物。随着电信、计算机的普及和家庭化,数码相机的应用领域也日益广泛。数码相机具有一些传统相机所无法比拟的优势:用传统相机拍摄的图像要进行数字化处理,须经过拍照、冲洗、扫描三个步骤,而用数码相机摄影则无需胶卷,无需暗室,无需扫描仪,拍摄的图像可直接输入计算机中,用户可在计算机中对图像进行编辑、处理,在电脑或电视中显示,通过打印机输出或通过电子邮件传给别人,大大提高了工作效率。

1.2 本文工作

本文主要是分析现在常用的数码变焦的算法,比较各种技术的优缺点,以找到最适合的图像缩放技术。由于图像缩小一般不会太大损失图像质量,缩小后的图像失真不明显,所以以下的讨论重点放在图像放大上面。

第 2 章 图像放大技术

2.1 相关概念

数码相机虽然沿用了传统拍摄中的用语,也由于成像原理的不同而有了一些特殊的专用名词,只有掌握了数字摄影中的一些新的相关概念才能了解数码相机中的图像软件放大。下面简单介绍一些最基本的常识:

位(Bit)

Bit 是计算机处理中最小的数据单位,颜色经过数字化处理后转变为由一个个 Bit 组成的形态。"位深"用来描述图像所包括的颜色数,数码相机在采集红、绿、蓝光时每一种颜色深度是 8 位,总位深就是 24 位,而 8 位相当于每种原色有 256 个层次,这样三种颜色混合会有 $256 \times 256 \times 256$ 种,即约 1 677 万亿种颜色,又称真彩色。

分辨率(Resolution)

在数字图像中用来表示质量的技术参数,也是划分数字相机成像档次的一种标准,它以图像横向和纵向点的总数量来衡量图像的细节,这些点我们称之为像素(Pixel)。

2.2 图像放大的有关技术

图像放大技术有很多种,最一般的就是使用线性复制的方法对图像进行简单的比例变换,但这种方法常会引起比较严重的图像走样,使图像产生许多不规则边缘和锯齿。所以不宜采用这种方法。

Photoshop 中也采用了 Genuine Fractals 的技术,它不是直接地放大图像,而是采用它自己的 fractal 压缩算法将图像压缩成一种特殊的文件格式,当你再重新打开这个压缩文件的时候,你就可以选择将图像进行 fractal 放大。这种方法通常被用来放大使用数码相机得到的低分辨率的图像,它的最后显示结果很大程度上取决于被放大的物体本身。所以对于有些图像来说,采用 Genuine Fractals 放大可能会取得比较好的效果,但也有很大可能会得到较差的结果,所以也不宜采用这种方法。

2.3 插值算法简介

插值算法是应用十分广泛的一种方法。插值算法会自动选择信息较好的像素作为增加的像素,而并非只使用临近的像素,所以在放大图像时,图像看上去会比较平滑、干净,但必须注意的是图像信息已经改变。但插值并不能增加图像信息:一些照片中,有些人因为距离比较远,在照片上只有一个白点,但当图像插值放大时,这个人还是白点,只是比以前稍微大了些。插值是数字图像处理领域里一个很大的分支,最简单的就是最临近插值法,有点实用价值的是双线性插值法。由于图像放大本质上是"无中生有"地凭空"捏造"一些像素出来,所以对于插值算法的要求就更高了。

2. 新建标题和正文的样式并应用

①新建名称为"一级标题"的样式,该样式的字体设置为黑体、加粗、二号,如图 2-30 所示;段前段后间距设置为 20 磅,行距设置为最小值 20 磅,对齐方式为居中,如图 2-31 所示。

图 2-30　根据格式设置创建新样式　　　　图 2-31　设置段落

②根据步骤①新建名称为"二级标题"的样式,该样式的字体设置为黑体、加粗、三号;设置段前段后间距为 15 磅,行距设置为最小值 15 磅,对齐方式为两端对齐。

③根据步骤①新建名称为"论文正文"的样式,该样式的字体设置为宋体、小四;设置行距为多倍行距 1.25 倍,首行缩进 2 个字符,两端对齐。

④"摘要""Abstract""第 1 章　绪论""第 2 章　图像放大技术"等标题应用"一级标题"样式;"1.1""1.2""2.1""2.2""2.3"等小标题应用"二级标题"样式;正文应用"论文正文"样式。

3. 设置论文封面

设置论文标题字体为黑体、加粗、二号、居中;设置专业和作者字体为隶书、三号、居中;设置学校和时间字体为宋体、三号、居中。最终效果如图 2-32 所示。

浅谈数码相机中的图像放大算法

计算机专业　张骞

黄河工程大学

2017 年 06 月

图 2-32　设置封面效果

4. 把论文按封面、目录、正文分成三节

把光标定位到"摘要"前,连续两次执行"页面布局"→"页面设置"→"分隔符"命令,选择"分节符"中的"下一页",如图 2-33 所示。此时文档被分为三节,其中第二节为空白页,第 1,2,3 节分别对应为封面、目录和正文。

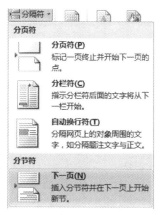

图 2-33　插入"下一页"分节符

把光标定位在"Abstract""第 1 章　绪论""第 2 章　图像放大技术"前,分别执行"页面布局"→"页面设置"→"分隔符"命令,选择"分隔符类型"中的"分页符",实现分页,如图 2-34 所示。

图 2-34　插入"分页符"

5. 为目录和正文设置不同的页眉、页脚

①执行"插入"→"页眉"命令,勾选"设计"工作组中的"选项"面板中的"奇偶页不同",如图 2-35 所示。

图 2-35　奇偶页不同

②把光标定位到第 2 节的页眉处,选择"页眉和页脚"工具栏中的"链接到前一个"按钮,输入"黄河工程大学本科学位论文目录",设置页眉文本字体为宋体、五号,如图 2-36 所示。接着把光标定位到第 2 节的页脚处,同样选择"页眉和页脚"工具栏中的"链接到前一个"按钮,插入页码,字号设置为五号、居中,数字格式为罗马字符,起始页码为 1,如图 2-37 所示。

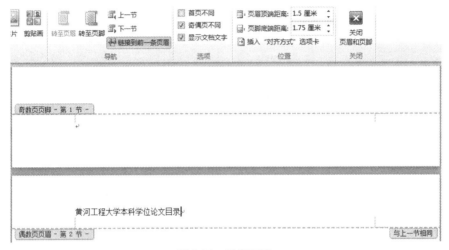

图 2-36　设置页眉

图 2-37　页码格式设置

③按照第 2 节页眉页脚的设置方法,在第 3 节奇数页眉处输入"黄河工程大学本科学位论文",设置页眉文本字号为五号、居中,在奇数页脚处插入页码,设置字体为宋体、五号、居中,数字格式为"-1-",起始页码为 1;偶数页眉处输入"浅谈数码相机中的图像放大算法",设置页眉文本为宋体、五号、居中。

6. 自动生成目录

①把光标定位在第 2 节开始处,输入"目录",字体设置为隶书、三号、居中。

②执行"引用"→"目录"→"插入目录"命令,在弹出的"目录"对话框中设置显示级别为"2",如图 2-38 所示,单击"确定"按钮,自动生成目录,如图 2-39 所示。

图 2-38　目录设置对话框

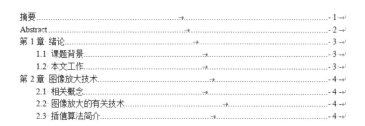

图 2-39　生成的目录

如果文字内容在编制目录后有改动,Word 2010 可以很方便地对目录进行更新,方法是:在目录上单击右键,从快捷菜单中执行"更新域"命令,打开"更新目录"对话框,选中"更新整个目录"单选按钮,单击"确定"按钮,完成对目录的更新工作。

7. 保存文档

第三部分
Excel 2010 的使用

实验1　工作簿创建与编辑

📖 实验目的

1. 掌握工作簿、工作表的创建与保存。
2. 掌握工作表数据录入和格式设置。
3. 掌握工作表格式排版。
4. 掌握工作表页面设置。

📖 实验内容

　　人事档案表是精简的档案资料，主要包括公司员工的编号、姓名、部门、性别、年龄、何时进入公司、学历、基本工资以及联系方式等内容，本节实验将带领大家利用 Excel 2010 制作员工人事档案表。为方便阅读，需要对员工人事档案表进行美化工作，最终效果如图 3-1 所示。

联创公司　　　　　　　　　　　　　　　　　　　　　　　　　　　　　　　　　操作员：张明

| \multicolumn{9}{c}{**员工人事档案表**} |
编号	姓名	部门	性别	年龄	何时进入公司	学历	基本工资	联系方式
0001	王涛	销售部	男	28	2003年5月6日	本科	3200	13812345671
0002	李霞	行政部	女	32	2005年8月18日	大专	1800	13812345672
0003	张晓军	行政部	男	45	2007年6月15日	本科	3000	13812345673
0004	邓明	行政部	男	22	2004年4月15日	大专	2500	13812345674
0005	张杰	行政部	女	26	2005年11月10日	本科	2200	13812345675
0006	张祖华	销售部	男	30	2003年6月7日	大专	1800	13812345676
0007	杨明家	销售部	男	35	2004年9月18日	本科	3000	13812345677
0008	谢亚军	销售部	女	42	2007年9月18日	本科	3200	13812345678
0009	陈琳	行政部	女	29	2006年9月18日	大专	2200	13812345679
0010	黄丽	研发部	女	31	2009年5月7日	本科	2500	13812345680
0011	徐乐	研发部	女	25	2008年10月8日	本科	2800	13812345681
0012	张燕	销售部	女	27	2006年6月12日	本科	3000	13812345682
0013	曾丽萍	销售部	女	33	2008年9月18日	大专	3200	13812345683

图 3-1　员工人事档案表

📖 实验过程

1. 数据录入

①创建工作簿,命名为"员工档案表. XLSX"。

②输入标题。选中 A1 单元格,输入标题"员工人事档案表"。

③输入表头字段。在 A2:I2 单元格中依次输入表头字段的名称,输入完毕后效果如图 3-2 所示。

	A	B	C	D	E	F	G	H	I
1	员工人事档案表								
2	编号	姓名	部门	性别	年龄	何时进入公司	学历	基本工资	联系方式
3									
4									

图 3-2　输入表头字段

④输入以"0"开头的编号。

选中 A3 单元格所在的列,在"开始"选项卡下单击"数字"组对话框启动器,弹出"设置单元格格式"对话框,如图 3-3 所示,在"数字"选项卡的"分类"列表中单击"自定义"选项,在"类型"文本框中输入"0000",如图 3-4 所示。

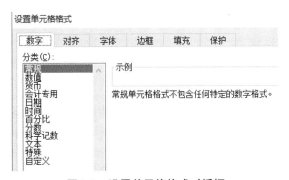

图 3-3　设置单元格格式对话框

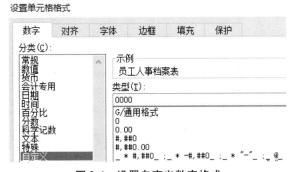

图 3-4　设置自定义数字格式

单击"确定"按钮,返回工作表中,在 A3 单元格中输入序号"1",按 Enter 键后,A3 单元格中的数字将显示为"0001",如图 3-5 所示。

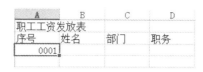

图 3-5　设置单元格为数字

⑤按序列填充编号列。

将鼠标指针移动到起始单元格 A3 右下角,此时鼠标指针变成黑色十字形状。按住鼠标左键不放向下拖拽,拖拽到目标位置 A15 单元格后释放鼠标左键,此时在 A15 单元格右侧显示一个"自动填充选项"图标,单击该图标右侧下三角按钮,从展开的下拉列表中单击"填充序列"单选按钮,如图 3-6 所示。

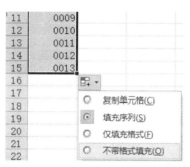

图 3-6　选择自动填充选项

⑥设置单元格日期格式。

在 F3:F15 单元格区域输入员工进入公司的日期。在"开始"选项卡中单击"数字"组对话框启动器,弹出"设置单元格格式"对话框。在"数字"选项卡下的"分类"列表中选择"日期"类别,在"类型"列表中选择日期格式,如选择"2001 年 3 月 14 日"类型,如图 3-7 所示。单击"确定"按钮,返回工作表中,此时可以看到选择区域中日期格式的变化,效果如图 3-8 所示。

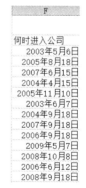

图 3-7　选择日期格式　　　　　　　图 3-8　更改日期类型后的效果

⑦在多个单元格中同时输入相同的内容。

按住 Ctrl 键选择要输入性别"男"的所有单元格,这里选择 D3,D5,D6,D8 和 D9 单元格。在编辑栏中输入性别"男",按下 Ctrl+Enter 组合键确认输入,此时选择的所有单元格都输入了相同性别"男",如图 3-9 所示。

D9			男	
	A	B	C	编辑栏
1	员工人事档案表			
2	编号	姓名	部门	性别
3	0001	王涛	销售部	男
4	0002	李霞	行政部	
5	0003	张晓军	行政部	男
6	0004	邓明	行政部	男
7	0005	张杰	行政部	
8	0006	张祖华	销售部	男
9	0007	杨明家	销售部	男
10	0008	谢亚军	销售部	
11	0009	陈琳	行政部	
12	0010	黄丽	研发部	
13	0011	徐乐	研发部	
14	0012	张燕	销售部	
15	0013	曾丽萍	销售部	

图 3-9 输入性别后效果

⑧依次录入余下的数据,数据全部录入完毕后的效果如图 3-10 所示。

	A	B	C	D	E	F	G	H	I
1	员工人事档案表								
2	编号	姓名	部门	性别	年龄	何时进入公司	学历	基本工资	联系方式
3	0001	王涛	销售部	男	28	2003年5月6日	本科	3200	13812345671
4	0002	李霞	行政部	女	32	2005年8月18日	大专	1800	13812345672
5	0003	张晓军	行政部	男	45	2007年6月15日	本科	3000	13812345673
6	0004	邓明	行政部	男	22	2004年4月15日	大专	2500	13812345674
7	0005	张杰	行政部	女	26	2005年11月10日	本科	2200	13812345675
8	0006	张祖华	销售部	男	30	2003年6月7日	大专	1800	13812345676
9	0007	杨明家	销售部	男	35	2004年9月18日	本科	3000	13812345677
10	0008	谢亚军	销售部	女	42	2007年9月18日	本科	3200	13812345678
11	0009	陈琳	行政部	女	29	2006年9月18日	大专	2200	13812345679
12	0010	黄丽	研发部	女	31	2009年5月7日	本科	2500	13812345680
13	0011	徐乐	研发部	女	25	2008年10月8日	本科	2000	13812345681
14	0012	张燕	销售部	女	27	2006年6月12日	本科	3000	13812345682
15	0013	曾丽萍	销售部	女	33	2008年9月18日	大专	3200	13812345683

图 3-10 数据录入的结果

2. 设置报表格式

(1)设置标题格式

选中 A1:I1 单元格区域,在"开始"选项卡的"对齐方式"组中单击"合并后居中"按钮,在"字体"组中设置为黑体,字号 18,加粗,如图 3-11 所示。

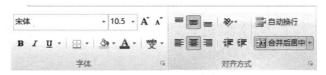

图 3-11 对齐方式组

(2)套用表格格式

选中报表的 A2:I15 单元格区域,然后在"开始"选项卡的"样式"组中单击"套用表格格式"下拉按钮,在弹出的下拉列表中选择"表样式浅色 9"选项,如图 3-12 所示。

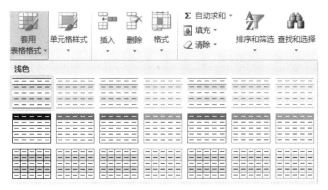

图 3-12　套用表格样式

3.设置行高和列宽

选中标题所在的行,在"开始"选项卡的"单元格"组中单击"格式"下拉按钮,在弹出的下拉列表中选择"行高"命令,打开"行高"对话框,将行高设置为 40,如图 3-13 所示。选中报表区域,取消选中"对齐方式"组的"自动换行"按钮,然后选择如图 3-14 所示的"自动调整行高"和"自动调整列宽"命令。

图 3-13　行高对话框　　　　图 3-14　格式下拉列表

4.插入页眉和页脚

切换到"插入"选项卡,在"文本"组中单击"页眉和页脚"按钮,功能区域将出现"页眉和页脚工具"选项卡,并进入页面布局视图。

在页眉左侧输入框中输入文字"联创公司",在页眉右侧输入框中输入文本"操作员:张明",如图 3-15 所示。

员工人事档案表

图 3-15　页眉设置

在"设计"选项卡的"导航"组中单击"转至页脚"按钮,转到页脚的编辑,然后在"页眉和页脚"组中单击"页脚"下拉按钮,在弹出的下拉菜单中选择"第 1 页,共 ? 页"选项,如图 3-16 所示。

图 3-16 插入页脚

实验2 公式与函数的使用

📖 实验目的

1. 掌握 Excel 公式的使用。
2. 掌握 Excel 函数的使用。

📖 实验内容

本节实验以学生期末考试成绩为基础进行统计计算,原始数据如图 3-17 所示。

序号	学号	姓名	数学	语文	英语	计算机	总成绩	平均成绩	名次
				学生成绩登记表					
1	07062101	张军	75	86	77	85			
2	07062102	李雷雷	90	52	86	80			
3	07062103	赵海燕	84	80	82	85			
4	07062104	马瑞	76	60	80	60			
5	07062105	李浩	69	78	60	75			
6	07062106	王小兵	71	85	78	50			
7	07062107	卢超	78	80	78	75			
8	07062108	刘杰	89	85	85	65			
9	07062109	李丽丽	68	60	80	60			
10	07062110	王涛	91	75	86	77			

图 3-17 原始数据

对学生成绩进行如下操作:

(1)计算所有学生总成绩。

(2)计算所有学生平均成绩。

(3)统计所有学生总成绩名次。

(4)统计各科成绩优秀率(成绩在 90 分以上),百分比格式,保留 1 位小数。

📖 实验过程

1. 计算所有学生总成绩

图 3-18 求和函数

①先计算第 1 位学生总成绩。单击 H3 单元格,切换到"公式"选项卡,在"函数库"组中单击"自动求和"下拉按钮,在弹出的下拉列表中选择"求和",如图 3-18 所示,然后选择 D3:G3 单元格区域,编辑栏中出现公式"=SUM(D3:G3)",单击 Enter 键,完成第 1 位学生总成绩的计算。

②其他学生总分的计算采用向下拖动 H3 单元格右下角的填充柄到 H12 的方法来完成。

2. 计算所有学生平均成绩

①先计算第 1 位学生的平均成绩。选中单元格 I3,在编辑栏中输入公式"＝H3/4",如图 3-19 所示,其中 4 为考试科目门数。按 Enter 键,从而完成公式的输入。

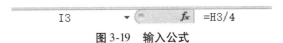

图 3-19　输入公式

②其他学生总分的计算采用向下拖动 I3 单元格右下角的填充柄到 I12 的方法来完成。

③最后,选中 I3:I12 单元格区域并设置数值格式,如图 3-20 所示。

图 3-20　设置数值格式

3. 按总成绩对所有学生进行排名

①先计算第 1 位学生的名次。选中 J3 单元格,单击编辑栏左侧的"插入函数"按钮,如图 3-21 所示。在打开的"插入函数"对话框中,如图 3-22 所示,选择"全部"列表中的 RANK 函数,单击"确定"按钮。

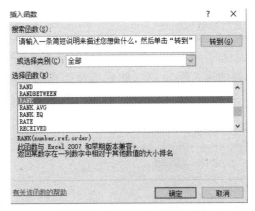

图 3-21　插入函数　　　　图 3-22　"插入函数"对话框

②在打开的"RANK 函数参数"对话框中依次输入参数,如图 3-23 所示,单击"确定"按钮完成计算。

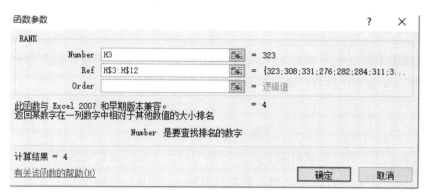

图 3-23　RANK 函数参数对话框

③其他学生名次的计算采用向下拖动的方式完成。

4. 统计各科成绩优秀率

①选中 A13：C13 单元格区域，在"开始"选项卡的"对齐方式"组中单击"合并并居中"按钮，然后输入文字"各科成绩优秀率"。

②选中 D13 单元格，通过"插入函数"操作插入 COUNTIF 函数，各参数设置如图 3-24 所示，单击"确定"按钮。

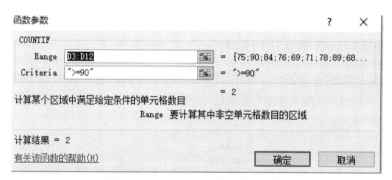

图 3-24　COUNTIF 函数参数对话框

③在编辑栏中输入除号"/"，然后选择插入函数列表中的 COUNT 函数，各参数设置如图 3-25 所示。单击"确定"按钮，完成计算，最终公式编辑栏中公式如图 3-26 所示。

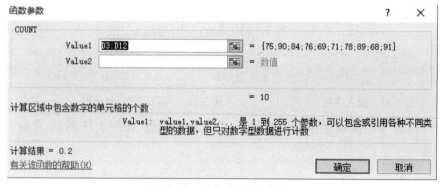

图 3-25　插入 COUNT 函数

| D13 | ▼ | fx | =COUNTIF(D3:D12," >=90")/COUNT(D3:D12) |

图 3-26 计算各科成绩优秀率的计算公式

④向右拖动 D13 单元格右下角的填充柄到 G13 单元格,完成其他科目的优秀率计算,然后选中 D13:G13 单元格区域设置百分比格式,如图 3-27 所示。

图 3-27 设置百分比格式

到此,完成本节实验内容,完成计算后结果如图 3-28 所示。

	A	B	C	D	E	F	G	H	I	J
1					学生成绩登记表					
2	序号	学号	姓名	数学	语文	英语	计算机	总成绩	平均成绩	名次
3	1	07062101	张军	75	86	77	85	323	80.8	4
4	2	07062102	李雷雷	90	52	86	90	318	79.5	5
5	3	07062103	赵海燕	84	80	92	85	341	85.3	1
6	4	07062104	马瑞	76	60	80	60	276	69.0	10
7	5	07062105	李洁	69	78	60	75	282	70.5	9
8	6	07062106	王小兵	71	85	78	50	284	71.0	8
9	7	07062107	卢超	78	80	78	75	311	77.8	6
10	8	07062108	刘杰	89	85	85	65	324	81.0	3
11	9	07062109	李丽丽	68	60	80	90	298	74.5	7
12	10	07062110	王涛	91	75	86	77	329	82.3	2
13		各科成绩优秀率		20.0%	0.0%	10.0%	20.0%			

图 3-28 计算后成绩登记表

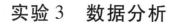

实验 3 数据分析

📖 实验目的

1. 掌握 Excel 的排序。
2. 掌握 Excel 的自动筛选。
3. 掌握 Excel 的分类汇总。

📖 实验内容

公司各项花销表格中记录了企业一段时间内各类费用的日常消耗,本节将利用 Excel 中的排序、分类汇总等功能比较各种费用的花费情况。原始数据如图 3-29 所示。

	A	B	C	D	E
1	序号	时间	部门	费用类别	金额
2	1	2013/3/26	销售部	差旅费	¥780.00
3	2	2013/4/5	总经办	交通费	¥130.00
4	3	2013/4/12	销售部	差旅费	¥680.00
5	4	2013/4/25	研发部	管理费	¥3,040.00
6	5	2013/5/1	销售部	管理费	¥360.00
7	6	2013/5/15	研发部	差旅费	¥2,350.00
8	7	2013/5/16	财务部	管理费	¥275.00
9	8	2013/5/20	销售部	差旅费	¥1,690.00
10	9	2013/6/3	销售部	差旅费	¥245.00
11	10	2013/6/11	销售部	差旅费	¥560.00
12	11	2013/6/16	财务部	管理费	¥125.00
13	12	2013/6/17	财务部	管理费	¥3,925.00

图 3-29 原始数据

数据分析操作如下:
(1)按照"金额"作为主要关键字与"部门"作为次要关键字对数据进行降序排序。
(2)筛选出"金额"在 1 000 元以上的部门。
(3)按照部门对金额进行求和汇总。

📖 实验过程

1. 按照"金额"作为主要关键字与"部门"作为次要关键字对数据进行降序排序

选中工作表中数据区域,在"数据"选项卡的"排序和筛选"组中单击"排序"按钮,打开"排序"对话框。设置"主要关键字"为"金额","次序"为"降序",然后单击"添加条件"按钮,设置"次要关键字"为"部门","次序"为"降序",如图 3-30 所示。

图 3-30 设置主要关键字与次要关键字

单击"确定"按钮后完成如图 3-31 所示的结果。

	A	B	C	D	E
1	序号	时间	部门	费用类别	金额
2	12	2013/6/17	财务部	管理费	¥3,925.00
3	4	2013/4/25	研发部	管理费	¥3,040.00
4	6	2013/5/15	研发部	差旅费	¥2,350.00
5	8	2013/5/20	销售部	差旅费	¥1,690.00
6	1	2013/3/26	销售部	差旅费	¥780.00
7	3	2013/4/12	销售部	差旅费	¥680.00
8	10	2013/6/11	销售部	差旅费	¥560.00
9	5	2013/5/1	销售部	管理费	¥360.00
10	7	2013/5/16	财务部	管理费	¥275.00
11	9	2013/6/3	销售部	差旅费	¥245.00
12	2	2013/4/5	总经办	交通费	¥130.00
13	11	2013/6/16	财务部	管理费	¥125.00

图 3-31　排序结果

2. 筛选出"金额"在 1 000 元以上的部门

选中 A1 单元格,在"数据"选项卡的"排序和筛选"组中单击"筛选"按钮,然后单击"金额"列标题后的下三角形按钮,在其下拉菜单中选择"数字筛选"→"大于或等于"命令,打开"自定义自动筛选方式"对话框,如图 3-32 所示。

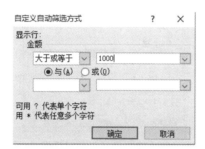

图 3-32　自定义自动筛选方式对话框

在文本框中输入 1 000 后单击"确定"按钮,即可得到如图 3-33 所示的结果。

	A	B	C	D	E
1	序号	时间	部门	费用类别	金额
2	12	2013/6/17	财务部	管理费	¥3,925.00
3	4	2013/4/25	研发部	管理费	¥3,040.00
4	6	2013/5/15	研发部	差旅费	¥2,350.00
5	8	2013/5/20	销售部	差旅费	¥1,690.00

图 3-33　自动筛选结果

3. 按照部门对金额进行求和汇总

(1)按"部门"排序

选中报表标题行中的"部门",然后在"数据"选项卡的"排序和筛选"组中单击"升序"按钮即可,如图 3-34 所示。

	A	B	C	D	E
1	序号	时间	部门	费用类别	金额
2	12	2013/6/17	财务部	管理费	¥3,925.00
3	7	2013/5/16	财务部	管理费	¥275.00
4	11	2013/6/16	财务部	管理费	¥125.00
5	8	2013/5/20	销售部	差旅费	¥1,690.00
6	1	2013/3/26	销售部	差旅费	¥780.00
7	3	2013/4/12	销售部	差旅费	¥680.00
8	10	2013/6/11	销售部	差旅费	¥560.00
9	5	2013/5/1	销售部	管理费	¥360.00
10	9	2013/6/3	销售部	差旅费	¥245.00
11	4	2013/4/25	研发部	管理费	¥3,040.00
12	6	2013/5/15	研发部	差旅费	¥2,350.00
13	2	2013/4/5	总经办	交通费	¥130.00

图 3-34　按"部门"升序排序

（2）分类汇总

在"数据"选项卡的"分级显示"组中单击"分类汇总"按钮,打开"分类汇总"对话框,选择"分类字段"为"部门","汇总方式"为"求和","选定汇总项"为"金额",如图 3-35 所示。

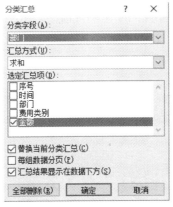

图 3-35　分类汇总对话框

注:Excel 2010 版本中如果选用了"套用表格模式",程序会自动将数据区域转化为列表,而列表是不能够进行分类汇总的。

解决方法是将列表转化为数据区域,单击数据单元格,选择"表格工具"选项卡的"设计"选项组,执行"转化为区域"命令后即可按照分类汇总步骤进行统计。

单击"确定"按钮后,产生汇总结果。再选择工作表中的所有数据,单击"分级显示"组中的"隐藏明细数据"按钮,即可得到如图 3-36 所示的结果。

	A	B	C	D	E
1	序号	时间	部门	费用类别	金额
5			财务部 汇总		¥4,325.00
12			销售部 汇总		¥4,315.00
15			研发部 汇总		¥5,390.00
17			总经办 汇总		¥130.00
18			总计		¥14,160.00

图 3-36　分类汇总结果

实验 4　图表与数据透视图表的使用

📖 实验目的

1. 掌握 Excel 图表的使用。
2. 掌握 Excel 数据透视表的使用。
3. 掌握 Excel 数据透视图的使用。

📖 实验内容

利用 Excel 2010 的图表、数据透视表及数据透视图对如图 3-37 所示的某公司工资发放表进行数据分析。

	A	B	C	D	E	F	G	H	I	J
1					职工工资发放表					
2	序号	姓名	部门	职务	基本工资	岗位津贴	奖金	所得税	应发工资	实发工资
3	1	刘欣	行政部	主管	2500	600	350	253	3450	3197
4	2	张浩	行政部	职员	1500	200	200	160	1900	1740
5	3	张军	开发部	职员	2000	800	100	200	2900	2700
6	4	马伟	人事部	主管	1500	200	300	168	2000	1832
7	5	孙婷	人事部	职员	1500	500	300	168	2300	2132
8	6	赵海霞	市场部	职员	1200	1000	500	170	2700	2530
9	7	钱春颖	销售部	主管	1200	800	500	220	2500	2280
10	8	马斌	行政部	职员	1500	500	700	230	2700	2470
11	9	陈硕	销售部	职员	1200	600	400	190	2200	2010
12	10	朱颜	销售部	职员	1200	500	500	190	2200	2010

图 3-37　工资发放表

操作要求如下：

（1）使用柱形图对比员工实发工资。

（2）使用透视表分析公司各部门实发工资总额。

📖 实验过程

1. 使用柱形图对比员工实发工资

（1）选择生成图表的区域

因为要对比员工工资，所以选中单元格区域 C2：C12，再按 Ctrl 键选中单元格区域 J2：J12。

（2）插入柱形图

在"插入"选项卡的"图表"组中单击"柱形图"下拉按钮，在其下拉列表中选择"二维柱形图"栏中的"簇状柱形图"选项，则在当前工作表中生成一个簇状柱形图，如图 3-38 所示。

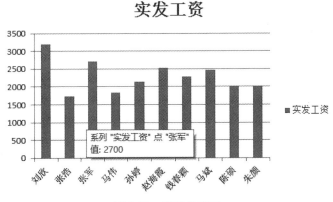

图 3-38 簇状柱形图

（3）插入并修改标题

①切换到"布局"选项卡的"标签"组中单击"坐标轴标题"下拉按钮，在弹出的下拉列表中选择"主要坐标轴标题"→"坐标轴下方标题"选项插入横坐标轴标题。

②再次单击"标签"组中的"坐标轴标题"下拉按钮，在弹出的下拉列表中选择"主要纵坐标轴标题"→"竖排标题"选项插入纵坐标轴标题。

③修改图标标题为"员工实发工资"，横坐标轴标题为"姓名"，纵坐标轴标题为"工资（元）"。

④拖动图标到合适的位置，最终效果图如图 3-39 所示。

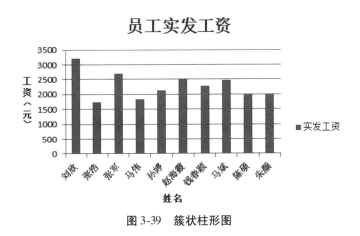

图 3-39 簇状柱形图

2. 使用数据透视表分析公司各部门实发工资总额

制作数据透视表实现按部门汇总实发工资总额。具体操作如下：

（1）插入数据透视表

将光标定位到 Sheet2 工作表的 A1 单元格，在"插入"选项卡的"表格"组中单击"数据透视表"下拉按钮，在弹出的下拉列表中选择"数据透视表"命令，打开"创建数据透视表"对话框，设置"表/区域"为 Sheet1 工作表的 A2:J12 单元格区域，如图 3-40 所示。

图 3-40　创建数据透视表对话框

（2）数据透视表布局

单击"确定"后进入数据透视表布局。此时,在窗口右侧打开"数据透视表字段列表"窗格,如图 3-41 所示,选择"部门""实发工资"2 个字段,即可完成数据透视表的创建,得到如图 3-42 所示的结果。

图 3-41　数据透视表字段列表窗格

行标签	求和项:实发工资
行政部	7407
开发部	2700
人事部	3964
市场部	2530
销售部	6300
总计	22901

图 3-42　数据透视表结果

3.使用数据透视图对比各个部门实发工资

切换到 Sheet2 工作表,选择数据区域 A2:A6,按 Ctrl 键选择数据区域 B2:B6。在"插入"选项卡的"图表"组中单击"饼图"下拉按钮,在其下拉列表中选择"三维饼图",生成如图3-43 所示的饼形图。

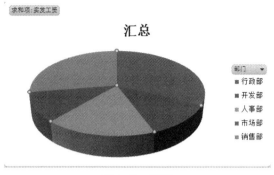

图 3-43　饼图

在"布局"选项卡的"标签"组中单击"数据标签"下拉按钮,在弹出的下拉列表中选择"其他数据标签选项"命令,打开"设置数据标签格式"对话框,切换到"标签选项"选项卡,选中"百分比"复选框,如图 3-44 所示。

图 3-44　设置数据标签格式对话框

单击"关闭"按钮,修改标题为"各部门实发工资汇总",完成饼图制作。拖动图表到合适的地方,如图 3-45 所示。

图 3-45　饼图结果

第四部分
PowerPoint 2010 的使用

实验 1　演示文稿的创建与编辑

📖 实验目的

1. 掌握演示文稿的创建与保存。
2. 掌握演示文稿的编辑操作。
3. 掌握演示文稿中超链接的使用。

📖 实验内容

本节实验以制作"毕业设计答辩报告"为例,练习演示文稿的基本操作和技巧,包括幻灯片的制作,文本的编排,幻灯片设计版式和模板的应用,效果如图 4-1 所示。

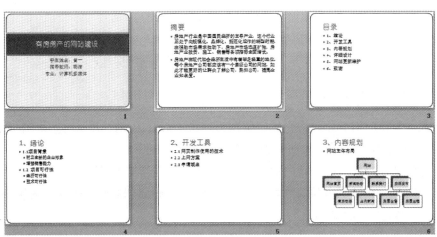

图 4-1　毕业设计答辩报告

📖 **实验过程**

1. 制作第一张幻灯片

①创建空的演示文稿。启动 PowerPoint 2010,默认创建一个空的演示文稿。

②选择设计模板。在"设计"选项卡的"主题"组中单击"其他"按钮,在弹出的下拉列表中选择"平衡"模板,如图 4-2 所示。

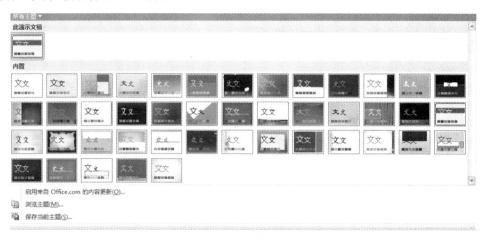

图 4-2 设计主题

③输入文本。第一张幻灯片自动选择"标题幻灯片"版式,在标题占位符中输入"有房房产的网站建设",在副标题中输入"学生姓名:曾一""指导教师:杨洁"等文字。

2. 制作第二张幻灯片

①插入一张新的幻灯片。将光标定位在第一张幻灯片上,在"开始"选项卡的"幻灯片"组中单击"新建幻灯片"按钮,添加一张新的幻灯片。

②设置幻灯片版式。插入新的幻灯片自动选择"标题与文本"版式。

③输入内容。标题输入"摘要",在"文本"框中输入文本"房地产行业是……"

3. 制作第三张幻灯片

①插入一张新的幻灯片。将光标定位在第一张幻灯片上,在"开始"选项卡的"幻灯片"组中单击"新建幻灯片"按钮,添加一张新的幻灯片。

②设置幻灯片版式。插入新的幻灯片自动选择"标题与文本"版式。

③输入内容。在标题占位符中输入此张幻灯片的标题"目录",并设置为隶书、32 号。在文本占位符中输入"摘要……"

④改变项目符号。选中目录中的 6 行文字,在"开始"选项卡的"段落"组中单击"项目符号"下拉按钮,在弹出的下拉列表中选择"箭头项目符号"选项。

4. 制作第六张幻灯片

①新建一张幻灯片,设置版式为"标题与文本"版式。

②在标题占位符中输入"内容规划",在文本占位符中输入"网站主体布局"。

③插入层次结构图。在"插入"选项卡中单击"SmartArt"按钮,弹出"选择 SmartArt 图形"对话框,如图4-3所示。单击"层次结构"按钮,在右侧选择"层次结构"命令。在"层次结构"图中的文本框中依次输入文字。

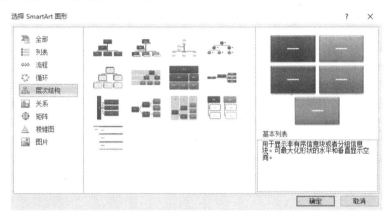

图4-3 "选择 SmartArt 图形"对话框

同理制作余下的幻灯片。

5. 设置超链接

①将光标定位在第三张幻灯片,选中文本"1、绪论",在"插入"选项卡的"链接"组中单击"超链接"按钮,如图4-4所示,打开"插入超链接"对话框。

图4-4 超链接按钮

②单击对话框左侧的"本文档中的位置"按钮,在右侧列表框中出现该演示文稿中所有的幻灯片标题,如图4-5所示。选中第4张幻灯,单击"确定"按钮完成超链接设置。

图4-5 插入超链接对话框

③同理,可为目录中剩余文本添加超链接到第 5 ~ 9 张幻灯片。

6. 设置幻灯片切换

切换到"切换"选项卡,在"计时"组的"换片方式"选项组中选中"单击鼠标时"复选框。

7. 设置幻灯片放映

在"幻灯片放映"选项卡的"开始放映幻灯片"组中单击"从头开始"按钮,幻灯片从第一张开始放映,一张放映结束时单击切换到下一张幻灯片。这种放映方式可以由演讲者自己控制幻灯片的切换时间。

8. 保存幻灯片

单击"文件"按钮,在弹出的下拉菜单中选择"保存"命令,在打开的"另存为"对话框中输入文件名并选择保存位置,保存演示文稿。

实验 2　演示文稿动画与放映设置

📖 实验目的

1. 掌握演示文稿的母版的使用。
2. 掌握演示文稿中的对象动画设置。
3. 掌握在演示文稿中插入声音文件并对其进行设置。
4. 掌握演示文稿的自定义幻灯片放映与设置幻灯片放映的方法。

📖 实验内容

制作"我的家乡——重庆"演示文稿,效果如图4-6所示。

图4-6　"我的家乡——重庆"演示文稿

📖 实验过程

1. 制作第一张幻灯片

①打开 PowerPoint 2010,默认创建一个空的演示文稿。在"设计"选项的"背景"组中单击"背景样式"下拉按钮,在弹出的下拉列表中选择"设置背景格式"命令,打开"设置背景格式"对话框,切换到"填充"选项卡,选中"图片或纹理填充"单选按钮,如图4-7所示。

单击"文件"按钮,打开"插入图片"对话框。在地址栏中选择相应的图片后,单击"打开"按钮返回"设置背景格式"对话框,单击"全部应用"按钮,此时,背景图像就会应用到演示文稿的每张幻灯片中。

②输入标题。在"标题占位符"中输入"我的家乡——重庆",设置字体颜色为红色。

③设置文字动画效果。选中标题文字"我的家乡——重庆",在"动画"选项卡的"动画"组中单击"其他"按钮,在弹出的下拉列表中选择"进入"中的"弹跳"效果,如图4-8所示。

图 4-7　设置背景格式对话框

图 4-8　设置"弹跳"效果

2. 制作第二张幻灯片

①新建幻灯片。在"开始"选项卡的"幻灯片"组中单击"新建幻灯片"按钮,添加一张新幻灯片,幻灯片默认版式为"标题与文字"。

②设置幻灯片标题。在"标题占位符"中输入文字"重庆简介"。

③添加内容。在"文本框"中输入介绍文字,自动按母版设计好的字体、字号、颜色和段落排版格式。

3. 制作第三张幻灯片

①创建新幻灯片。在"开始"选项卡的"幻灯片"组中单击"新建幻灯片"按钮,添加一张新幻灯片。

②设置幻灯片版式。选中该幻灯片,在"开始"选项的"幻灯片"组中单击"版式"下拉按钮,在弹出的下拉列表中选择"两栏内容"版式。

③输入文字。在"标题占位符"中输入"重庆特色——火锅"。在左侧的文本框中输入对火锅的介绍,在右侧的占位符中插入一幅关于火锅的图片并调整图片大小及位置。

④设置图片动画效果。在"动画"选项卡的"动画"组中单击"其他"按钮,在弹出的下拉

列表中选择"更多进入效果"命令,打开"更改进入效果"对话框,在该对话框中选择"华丽型-飞旋"命令,如图4-9所示,单击"确定"按钮。

4. 制作第四张幻灯片

①创建新幻灯片。在"开始"选项卡的"幻灯片"组中单击"新建幻灯片"按钮,添加一张新幻灯片。

②设置幻灯片版式。选中该幻灯片,在"开始"选项卡的"幻灯片"组中单击"版式"下拉按钮,在弹出的下拉列表中选择"空白"版式。

③设置标题。在"标题占位符"中输入文字"重庆旅游"。

④插入图像。在"插入"选项卡的"图像"组中单击"图片",依次插入4幅图像。选中图像,通过拖动图片周围的调控点调整图片的大小,或者右击图片,在弹出的快捷菜单中选择"大小和位置"命令;打开"设置图片

图 4-9   图片动画效果

格式"对话框,勾选"锁定纵横比"前的复选框,设置图片的高度为 7 cm,宽度为 10 cm,如图4-10所示。拖动图片到合适的位置。

图 4-10   设置图片格式对话框

⑤设置图片动画效果。参照第三张幻灯片中图像动画设置,依次给这 4 幅图像添加自己喜欢的进入动画效果并设置动画属性。

5. 制作第五张幻灯片

①创建新幻灯片。在"开始"选项卡的"幻灯片"组中单击"新建幻灯片"按钮,添加一张新幻灯片。

②设置幻灯片版式。选中该幻灯片,在"开始"选项卡的"幻灯片"组中单击"版式"下拉按钮,在弹出的下拉列表中选择"空白"版式。

③设置幻灯片背景。选中该幻灯片,单击右键,在弹出的快捷菜单中选择"设置背景格式"命令,在弹出的"设置背景格式"对话框中设置该幻灯片的背景图像,单击"关闭"按钮返回到该幻灯片。

④添加艺术字。在"插入"选项卡的"文本"组中单击"艺术字"下拉按钮,在其下拉列表中选择一种艺术字效果,在出现的文本框中输入文字"谢谢观赏!!"选中该艺术字,在"绘图工具"选项卡的"格式"选项卡的"艺术字样式"组中设置文本填充颜色和文本效果等。

⑤添加艺术字动画效果。选中艺术字"谢谢观赏!!"在"动画"选项卡的"高级动画"组中单击"添加动画"下拉按钮,在其下拉菜单中选择"更多进入效果"命令,打开"添加进入效果"对话框,选择"基本型"的"盒状"效果,然后在"动画窗格"中双击该选项,在打开的"盒状"对话框中切换到"计时"选项卡,在"期间"下拉列表框中选择"快速(1秒)"选项。

6.设置幻灯片切换方式

在"切换"选项卡的"切换到此幻灯片"组中选择"擦出"切换方式;在"计时"组的"切换方式"选项组中取消选中的"单击鼠标时"复选框,选中"设置自动换片时间"复选框,设置时间间隔为0.08,然后单击"全部应用"按钮。

7.保存演示文稿

制作完成后,单击自定义快速访问工具栏的"保存"按钮,在打开的对话框中将演示文稿保存到指定位置。

第五部分
Internet 的使用

实验 1　Internet 的接入与 IE 的使用

📖 实验目的

1. 掌握 IP 地址的设置方法。
2. 掌握浏览器的基本使用方法。

📖 实验内容

1. 根据安排设置可以接入 Internet 的 IP 地址、网关地址与 DNS 服务器地址,并测试网关的连通性。
2. 使用 IE8 访问重庆师范大学网站并将其添加到收藏夹中便于以后访问。

📖 实验过程

1. 设置 IP 地址

打开"控制面板"窗口,单击"网络和共享中心"图标,打开"网络和共享中心"窗口,单击"本地连接"链接,打开"本地连接状态"对话框,单击"属性"按钮,打开"本地连接属性"对话框,如图 5-1 所示。

选中"Internet 协议版本 4(TCP/IPv4)"复选框,再单击"属性"按钮,打开"Internet 协议版本 4(TCP/IPv4)"对话框。选中"使用下面的 IP 地址"单选按钮后,在"IP 地址"文本框中输入网络管理员分配的 IP 地址,然后单击"子网掩码"文本框,系统会自动填入相应的子网掩码(若自动填入的子网掩码与实际不符,再自行修改),接着,填入由网络管理员提供的"默认网关""首选 DNS 服务器"和"备用 DNS 服务器"地址,如图 5-2 所示。最后单击"确定"按钮依次关闭各对话框,即完成 IP 地址的设置。

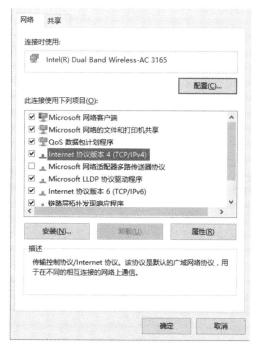

图 5-1 "本地连接属性"对话框

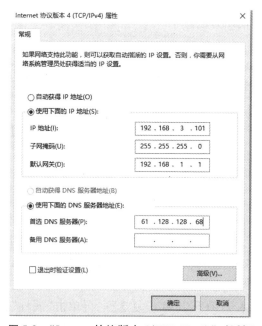

图 5-2 "Internet 协议版本 4（TCP/IPv4）"对话框

2. 测试网络连通性

打开"开始"菜单,执行"所有程序"→"附件"→"命令提示符"命令,打开"命令提示符"窗口。测试操作按如下两步进行,操作命令如图 5-3 所示。

①输入"ping 主机本身的 IP 地址",测试本机网络连接是否正常。
②输入"ping 网关 IP 地址",测试主机对外网出口是否连通正常。

图 5-3　使用 ping 命令测试网络连通性

3. IE 浏览器的基本使用

浏览器的基本使用步骤如下：

①启动浏览器。在 Windows 桌面或快速启动栏中,单击图标 🕮,启动应用程序 IE 8.0。

②输入网页地址(URL)。在 IE 窗口的地址栏输入要浏览页面的统一资源定位器(Uniform Resource Locator, URL),按下 Enter 键,观察 IE 窗口右上角的 IE 标志,等待出现浏览页面的内容。例如,在地址栏输入重庆师范大学主页的 URL(http://www.cqnu.edu.cn/),IE 浏览器将打开重庆师范大学的主页,如图 5-4 所示。

图 5-4　用 IE 8.0 打开浏览页面

③网页浏览。在 IE 浏览器打开的页面中,包含指向其他页面的超链接。当将鼠标光标

移动到具有超链接的文本或图像上时,光标指针会变为"🖑"形,单击鼠标左键,将打开该超链接所指向的网页。根据网页的超链接,即可进行网页的浏览。

④断开当前连接。IE 浏览器的菜单和工具栏如图 5-5 所示。单击工具栏中的"停止"按钮 ✖ ,中断当前网页的传输。

图 5-5　IE 浏览器的菜单和工具栏

⑤重新建立连接。在执行步骤④之后,单击工具栏中的"刷新"按钮 ⟳ ,将重新开始被中断的网页的传输。

⑥保存当前网页信息。使用"文件"菜单的"另存为"命令,将当前网页保存到本地计算机。

⑦保存图像或动画。在当前网页中选择一幅图像或动画,单击鼠标右键,从弹出的快捷菜单中选择"图片另存为",将该图像或动画保存到本地计算机。

⑧将当前网页地址保存到收藏夹。使用"收藏"菜单的"添加到收藏夹"命令,并在"添加到收藏夹"窗口中选中"允许脱机使用"复选框,如图 5-6 所示,将当前网页放入收藏夹。

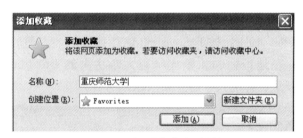

图 5-6　添加到收藏夹对话框

若单击"自定义"按钮,即可激活"脱机收藏夹向导",利用该向导,可设置脱机浏览内容的数量、如何使脱机网页与网络上的最新网页保持同步,以及是否需要用户名和密码等。

⑨在已经浏览过的网页之间跳转。通常的方法是单击工具栏中的"后退"按钮 ⬅后退 ▾ 与"前进"按钮 ➡ ▾ ,返回到前一页,或回到后一页。

⑩浏览历史记录。单击工具栏中的"历史"按钮 🕓 ,会在 IE 窗口的左边打开"历史记录"窗口,该窗口列出了最近一段时间以来所有浏览过的页面。可以按日期、访问站点、访问次数查看历史记录,也可以根据指定的关键词对历史记录进行搜索。

⑪主页设置。使用"工具"菜单中的"Internet 选项"命令,打开"Internet 选项"对话框。单击"常规"属性页,在"主页"的地址栏中,输入一个 URL 地址(如 http://www.cqnu.edu.cn),单击"确定"按钮,即可将输入的 URL 设置为 IE 的主页,如图 5-7 所示。

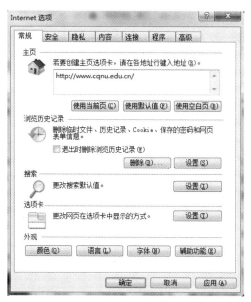

图 5-7   Internet 选项对话框

也可以单击"使用当前页"按钮,将 IE 浏览器当前打开的页面作为主页;单击"使用默认页"按钮,将系统默认的"http://www. microsoft. com/"设置为主页;单击"使用空白页"按钮,则不给 IE 设置任何 URL 作为主页。

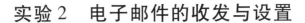

实验 2   电子邮件的收发与设置

实验目的

1. 掌握如何申请一个免费的电子邮箱。
2. 掌握简单的邮件管理。
3. 掌握收发电子邮件。

实验内容

在线申请免费邮箱,并对邮箱进行简单设置,然后收发邮件。

实验过程

1. 申请免费的电子邮箱

利用新浪免费申请邮箱。在浏览器中输入 http://mail. sina. com. cn,然后按下 Enter 键进入新浪邮箱登录界面,如果没有邮箱,则点击"注册"。按要求输入邮箱地址和密码并确认密码,如图 5-8 所示。点击"立即注册",在出现的对话框中输入手机号进行验证,然后进入申请的免费邮箱。

图 5-8   申请免费邮箱

2. 邮箱管理

进入邮箱后,可以单击"设置区",对它进行相应的设置,如图 5-9—图 5-12 所示。

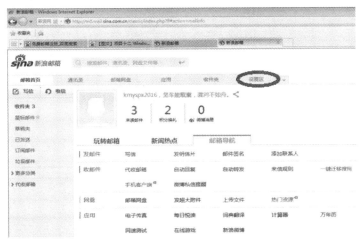

图 5-9　设置邮箱

图 5-10　进行读信显示设置

图 5-11　写信设置

图 5-12　自动转发和自动回复设置

3. 收发邮件

单击"收件夹"进入收件箱界面,电子邮件列表如图 5-13 所示。

图 5-13　查看收件夹列表

单击"收件夹"中某一个未读邮件,即可查看此邮件内容。例如单击题为"如果您忘记邮箱密码怎么办?"的邮件,即可查看此邮件的具体内容,如图 5-14 所示。

图 5-14　查看邮件具体内容

　　单击"写信",进入发送邮件界面,按要求输入收件人邮箱地址、邮件主题、添加附件等信息,然后点击"发送"按钮。如果邮件内容需要更改,可先将邮件"存草稿",等内容确定后再发送,如图 5-15 所示。

图 5-15　写信

第六部分
常用工具软件

实验 1　QQ 即时通信工具的使用

📖 实验目的

1.掌握 QQ 的登录注册。
2.了解 QQ 主界面的基本功能。
3.了解 QQ 主菜单的基本功能和作用。
4.掌握 QQ 更改主界面外观的功能。
5.掌握 QQ 文件设置。
6.掌握 QQ 热键设置。
7.了解 QQ 远程聊天。

📖 实验内容

QQ 是我们日常交流的主要工具,本节实验将带领大家一起来熟悉及使用 QQ 聊天工具。实验的主要内容包括:QQ 注册、登录 QQ、了解 QQ 界面、QQ 主菜单界面应用、文件管理、热键设置及远程学习等功能。

📖 实验过程

1.进行 QQ 注册

双击 QQ 快捷方式,进入登录界面,如果没有 QQ 号,单击页面上的注册账号,出现如图 6-1 所示页面。

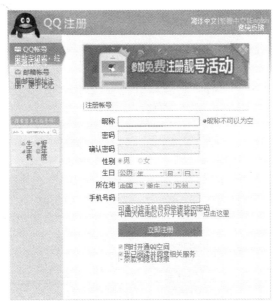

图 6-1　QQ 注册页面

根据页面要求,填写相关信息,点击"立即注册"即可注册成功。

2. 登录 QQ

在注册成功后,出现登录界面如图 6-2 所示,在登录界面上填写账号密码信息即可进行 QQ 登录。在登录界面上有两个选项:"记住密码""自动登录"。"记住密码"的意思是 QQ 会记录你的账号密码,再次登录时,不需要进行密码输入,可以直接登录。"自动登录"表示开启电脑后,QQ 会自行启动并进行登录,无须人为点击"安全登录"。

图 6-2　QQ 登录页面

在忘记密码的时候,点击页面上方的"忘记密码",根据弹出来的页面要求完成相关条件即可找回密码。

另外,QQ 除了支持账号登录外,也支持二维码登录。在手机安装 QQ 并且已经登录过的条件下,用手机 QQ 上的扫码工具扫描二维码也可进行登录。

3. 了解 QQ 主界面

在登录 QQ 之后,就会弹出 QQ 主界面,如图 6-3 所示。

图 6-3　QQ 主界面

4. 自定义显示 QQ 面板

点击右上角皮肤按钮,如图 6-4 所示。

图 6-4　QQ 更改外观按钮

出现窗口如图6-5所示。

图6-5　更改外观界面

点击页面右上角的"设置"按钮 ，选择"主面板使用'封面'模式"即可隐藏主面板上个人头像。同时，在设置中也可选择是否显示皮肤、场景、QQ秀等。

根据个人喜好可以对QQ面板的皮肤、场景，以及对话框进行设置。设置完喜欢的背景后可以添加或者删除不需要的部分。在顶部找到界面管理，勾选需要显示的内容，如图6-6所示，然后QQ主界面顶部就会出现勾选的内容。

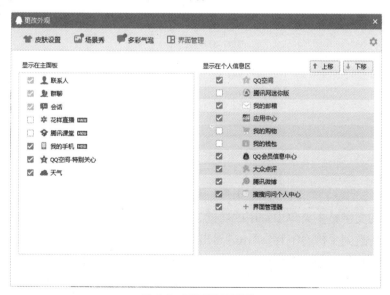

图6-6　界面管理界面

在设置完QQ主界面顶部之后，可以再来设置底部。单击右下角的应用管理界面，打开应用窗口，如图6-7所示。

图 6-7　应用管理器界面

单击面板上的选项可以添加应用程序到 QQ 界面底部,在需要时,只需点击该程序即可跳转到该程序界面。单击右上角有"—"标识的图标即可删除该应用在 QQ 底部的显示。

根据喜好对 QQ 界面进行设置就完成了。

5. QQ 主菜单界面应用

单击 QQ 主面板左下角的"主菜单"按钮,即可弹出 QQ 主菜单,如图 6-8 所示。

图 6-8　QQ 主菜单

其中大写的文字是主菜单中常用的功能,文字阅读可知,通过"传文件到手机"功能,可以将电脑文件传送到手机 QQ 上。单击"导出手机相册",电脑 QQ 即与手机 QQ 相连接,电脑 QQ 向手机 QQ 提出授权申请,申请是否允许电脑导出手机相册,在手机 QQ 上点击"是",即可建立电脑与手机的连接。电脑获取手机相册,如图 6-9 所示。

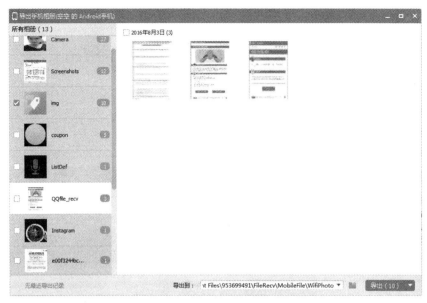

图 6-9　QQ 导出手机相册

在页面中勾选要导出的相册,选择导出位置,单击右下角的"导出"按钮即可将手机相册内容导入电脑上选定的文件夹。

可以将电脑文件传送给手机端,同时手机端也可以向电脑端传送文件。在通过手机获取文字、视频、音频、图像等多方面信息后,需要在电脑上保存处理或者减轻手机内存压力都可以采用将手机中的文件传送到电脑上的方式。

在日常生活中,经常会通过 QQ 传送文件等多种信息。对于重要信息,可以在电脑端上右击信息,点击"收藏",对信息进行收藏。信息收藏后,需要查看时,即可点击"主菜单"→"我的收藏"对收藏信息进行查阅。

6. QQ 文件管理器

利用 QQ 接收文件后,如何对文件进行查找呢? 为了方便查找 QQ 下载文件,需要对文件进行管理。点击 QQ 最下方的"文件夹"图标,进入文件管理页面,如图 6-10 所示。

图 6-10　文件管理

通过文件管理工具可以对 QQ 中的各种文件进行管理。可以在已接收文件中,通过设置时间段、文件类型、文件来源、文件名等方式搜索在这段时间内接收到的文件。在文件管理工具中,本地文件、网络文件、共享文件等都可以通过这种方式进行查询搜索。

7. QQ 系统设置基本结构

登录 QQ 后,打开 QQ 最下端的"设置"按钮 ⚙,即可打开 QQ 系统设置,如图 6-11 所示。

图 6-11 QQ 系统设置

在 QQ"系统设置"内,主要分为"基本设置""安全设置"和"权限设置"。

"基本设置"里面都是经常用到的权限设置,比如:开机自动启动 QQ,离开、忙碌状态自动回复设置,好友上下线提醒等,可以按照最左边的目录分类,依次根据需求进行勾选。

"安全设置"可以对 QQ 密码进行修改、设置自动更新 QQ 软件、文件传输权限设置等,就是保护 QQ 安全的一些设置,具体可以按照需求设置。

"权限设置"就是一些对个人隐私是否对外公开的选择,有个人资料、空间权限、防骚扰等设置。

8. QQ 热键设置

QQ 默认截图快捷键是 Ctrl+Alt+A,打开 QQ 面板,双击头像,在右下角单击"系统设置"或者是单击 QQ 面板右下角的"主菜单",找到系统设置——基本设置,如图 6-12 所示。

图 6-12　热键设置

点击"热键",单击"设置热键",出现如图 6-13 所示界面。

图 6-13　热键设置

单击功能后的快捷方式,根据提示修改快捷方式即可。

9. 发送语音和视频通话

向对方发送语音有两种途径:一是,点击"语音通话"按钮 ,需要寻求对方认可,才可进行双方语音通话,语音时长无时间限制;一旦对方拒绝或者长时间不接受,语音通话挂断,无法发送语音。二是,点击"语音消息"按钮 ,不需要寻求对方同意即可发送语音,但是语音时长有限。

进行视频通话只需点击 QQ 聊天面板上的"视频通话"按钮 。点击后,会申请与对方进行视频通话,对方接受即可进行视频通话。

针对音视频,可以对其进行设置。点击"系统设置",选择"基本设置"中的"音视频通话",就可对音量、麦克风、扬声器、摄像头、拍照文件进行管理。可以提前设置,也可在通话视频过程中不断调节以达到最好。

10. 文件传输

实现文件传输可以直接拖拽文件进入聊天窗口,然后点击"发送"即可;也可以通过点击"文件传输"图标 向对方发送文件。但是这两种方法都无法直接传送文件夹。

11. 实现远程学习

方法一:分享电脑屏幕或者演示文档给对方,然后连接语音,通过语音向对方介绍学习内容,对方可通过文字等方式提问。在重要部分或者对方不清楚部分通过文字输入进行重点输入和解释;也可以传输相关文件给对方,使对方进行先导性学习。

方法二:与对方直接视频通话,教师授课,学生听课并现场提问,实践操作可直接演示给学生观察。通过屏幕控制展示上课内容或者帮助学生。通过文件传输,传输必要学习内容给学生。

实验 2 WinRAR 工具的使用

📖 实验目的

1. 掌握 WinRAR 工具的下载安装和卸载。

2. 掌握利用 WinRAR 工具对文件进行快速压缩。

3. 掌握利用 WinRAR 工具对文件进行快速解压。

4. 掌握 WinRAR 工具的加密功能。

📖 实验内容

本节实验将带领大家在电脑上安装 WinRAR 并使用 WinRAR 对图片进行压缩。

📖 实验过程

1. 安装 WinRAR 工具

①从网络上下载 WinRAR 工具安装包。通过搜索引擎搜索，WinRAR 工具在很多网站上都可以进行免费下载，也可以通过电脑上的 360、金山等软件管理工具下载 WinRAR 工具。

②WinRAR 的安装十分简单，只要双击下载后的压缩包，就会出现如图 6-14 所示的安装界面。

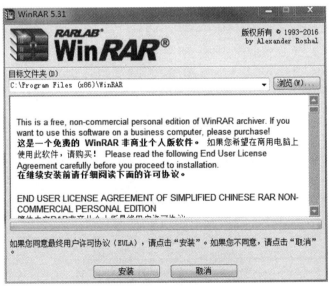

图 6-14 WinRAR 工具安装界面 1

通过点击"浏览"选择好安装路径后点"安装"就可以开始安装了。

③安装完成后就会出现图 6-15 的选项，根据需要选择，一般采用默认选项。

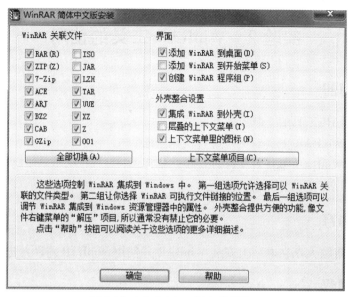

图 6-15　WinRAR 工具安装界面 2

　　图6-15 分3 个部分。左边的"WinRAR 关联文件"是将下面格式的文件创建联系。如果决定经常使用 WinRAR 的话,可以与所有格式的文件创建联系;如果是偶尔使用 WinRAR 的话,也可以酌情选择。右边的"界面"是选择 WinRAR 在 Windows 中的位置。"外壳整合设置"是在右键菜单等处创建快捷方式。都做好选择后,点击"确定"就会出现如图 6-16 所示的界面,点击"完成"成功安装。

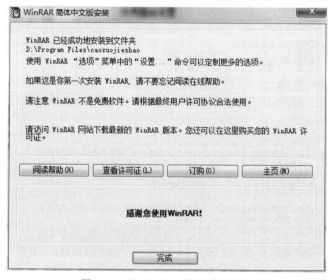

图 6-16　WinRAR 工具安装界面 3

2. 卸载 WinRAR 工具

在安装 WinRAR 工具路径下找到 Uninstall. exe 文件,双击 Uninstall. exe,就会出现

WinRAR 工具卸载提示,如图 6-17 所示。

图 6-17　WinRAR 工具卸载提示

直接点击"是"就可以对已经安装的 WinRAR 工具进行卸载。

同时,也可以采用 360、金山等软件管理工具,在卸载选项卡中选择 WinRAR 工具进行卸载。

3. 快速压缩

选中需要进行压缩的文件或者文件夹,右击,出现图 6-18。

图 6-18　右键压缩菜单

此时,可以直接点击"添加到'照片. rar(T)'",就可以在原图片文件夹所在路径建立压缩文件夹。此时,原文件与压缩文件在同一个路径下。

也可以在文件上点击右键并选择"添加到压缩文件",这样就会出现图 6-19,在图 6-19 的最上部可以看见 6 个选项,这里是选择"常规"时出现的界面。然后根据需要对压缩文件进行设置。点击"确定"就可以生成压缩文件。

图 6-19　压缩向导

4. 快速解压

在压缩文件上点击右键后,会有图 6-20 中的选项出现,选择"解压到当前文件夹(X)"。

图 6-20　右键解压菜单

这时,压缩文件解压,与原压缩文件处于同一文件夹下。

也可以点击"解压文件(A)…",点击后出现图 6-21,在图 6-21 的"目标路径"处选择解压缩后的文件将被安排至的路径和名称。点击"确定",解压完成。

图 6-21　解压缩选项

5. 认识 WinRAR 工具的加密功能

使用 WinRAR 可以加密、压缩重要文件。在 WinRAR 中选择"文件"菜单下的"设置默认密码"命令,如图 6-22 所示,然后设置密码(适当加长口令的长度),再把要加密的文件压缩起来。这样就可以加密、压缩一气呵成,在加密重要文件的同时还可以压缩文件,的确是一举两得的好事。

几乎所有的压缩软件都提供了加密功能,以此保护个人的隐私和重要数据。但是它们大多忽视了对文件名的加密。一旦别人对你的数据产生了兴趣,数据安全就变得岌岌可危。因此,最好能把文件名也列入加密范围。假如根本不知道压缩包里面存了些什么,谁还会费

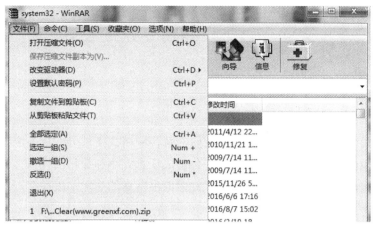

图 6-22　WinRAR 主菜单"文件"加密功能

时费力地进行破解呢?

　　方法一:直接右击需要压缩的文件,点击"添加到压缩文件(A)",然后在弹出的窗口上选择"常规",点击"常规"上的"设置密码"按钮,选中"加密文件名",输入密码,就实现了文件的加密压缩。

　　方法二:WinRAR 可以对 RAR 文件进行文件名加密,步骤如下:直接右击需要压缩的文件,点击"添加到压缩文件(A)",然后在弹出的窗口上选择"文件"选项卡,并选定要添加到压缩包的文件;接下来转换到"高级"选项卡,单击"设置密码…"按钮,输入密码即可。要注意的是,在点击"确定"之前,一定要选中"加密文件名"选项才能实现文件名加密。

实验3   视频编辑专家的使用

📖 实验目的

1. 掌握编辑专家8.7的安装和卸载。

2. 掌握视频合并功能:把多个不同或相同的音视频格式文件合并成一个音视频文件。

3. 掌握视频分割功能:把一个视频文件分割成任意大小和数量的视频文件。

4. 掌握视频截取功能:把喜爱的视频文件截取出精华的一段加以保存。

📖 实验内容

里约奥运会备受全球人民关注,中国人民更是如此,现准备了一段"奥运会洪荒少女"新闻片段素材,对其进行编辑,重新组合成新的精彩片段。

📖 实验过程

1.使用"视频截取"功能截取需要的视频片段

视频编辑专家是一款专业的视频编辑软件,包括视频合并、视频分割和视频截取等强大功能,支持 AVI,MPEG,MP4,WMV,3GP,MOV,ASF 等几乎所有主流视频格式。在使用视频编辑专家软件功能前,首先要安装视频编辑专家8.7。安装的途径很多,最直接的就是在搜索引擎里直接搜索,打开一个下载网址,按照步骤安装即可。

卸载途径:在 360 软件库里,有"卸载"菜单栏,选中此软件,单击"卸载",就可以直接完成卸载。

①打开"视频编辑专家8.7",如图6-23所示。

图6-23   视频编辑专家界面图

"编辑工具" ![编辑工具] 菜单栏里有:编辑转换、视频分割、字幕制作等一些实用功能。"其他工具" ![其他工具] 菜单栏里有:音频工具、刻录工具等实用工具。

②选择"视频文件截取",添加需要提取的视频文件,注意视频文件的格式,某些视频格式不支持,如.qsv。如图 6-24 所示。

图 6-24 视频分割文件上传图

③现在进入了"截取设置"状态。点击"下一步",选择"手动分割",如图 6-25 所示。

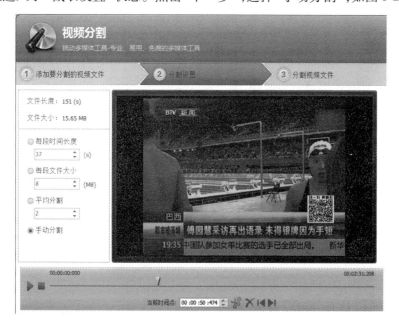

图 6-25 视频分割属性设置

④选择开始时间节点和结束时间节点,推动时间轴上的滑动块为想要的开始截取时间点后,点击"当前时间点"旁边的"剪刀"图标设置开始时间节点。同理可设置末尾时间节

点，就可以成功选取所要截取的视频片段，如图 6-26 所示。

图 6-26　视频分割设置图

⑤完成时间节点的选取之后，点击"下一步"完成此次视频的截取。完成后，点击"打开输出文件夹"可以快速找到截取出来的视频，如图 6-27 所示。

图 6-27　视频分割完成

2. 使用"视频合并"功能合并视频片段

①点击"视频合并"按钮，如图 6-28 所示。

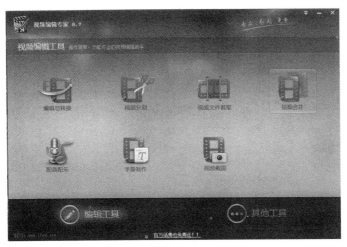

图 6-28　视频编辑专家界面

②将截取得到的视频文件,按照顺序添加到合并文件中,这样就可以按照想要的顺序播放,如果顺序错误,可以点击"删除"按钮,重新排序,如图 6-29 所示。

图 6-29　视频上传

③点击"下一步","输出目录"可以设置文件的名称,如图 6-30 所示。

图 6-30　视频输出

④点击"下一步",设置视频保存路径,如图 6-31 所示。

图 6-31　视频路径设置

⑤点击"下一步",视频合并完成。点击"确定"按钮,可以快速播放当前合成视频,如图 6-32 所示。

图 6-32　视频合并完成

课后作业:

使用"视频编专家 8.7",制作一部"教师节"视频,制作中必须使用视频截取、视频分割、视频合并、添加音乐和制作字幕等功能。

■测试篇■

上机模拟测试题 1

注意事项:请各位考生在桌面建立考试文件夹。考试文件夹的命名规则为"学号+考生姓名",如"2008010203 柳叶"。考生的所有解答内容都必须存放在此文件夹中。

一、汉字录入(请在 Word 系统中正确录入如下内容,25 分)

1. 建立表格并在其中录入相应的信息。

2. 录入表格后的文本(文本中的英文、数字按西文方式,标点符号按中文方式)。

3. 以文件名 DJKS2. DOC 保存在考试文件夹中。

姓　名		学　号	

DNA 分子计算机

　　DNA 分子计算机是公认的下一代计算机,而实现 DNA 计算的一个重要基础就是基于 DNA 分子的逻辑门,这是当前计算机科学研究领域的一个热点,也是一个难点。上海交通大学 Bio-X 中心与中科院上海应用物理研究所的研究人员通过深入的学科交叉与合作,应用 DNA 核酶成功研制一类新型的"DNA 逻辑门"。相关研究结果已发表在三月出版的著名化学杂志《德国应用化学》上。

二、Word 编辑和排版(25 分)

　　打开以上操作所形成的文件 DJKS2. DOC,完成如下操作,并以"DJKS2-BJ. DOC"为文件名存于考试文件夹中。

　　1. 页面设置:

　　(1)纸张:16 开,边距:上、下边距为 2 cm,左、右边距为 1. 5 cm。

　　(2)标题:黑体三号,居中对齐,段前段后间隔 0. 5 行。

　　(3)正文:将文字复制成三个自然段。将第一自然段设为楷体四号、首字下沉 2 行,第

二、三自然段设置为宋体四号并分为两栏,中间加分隔线。

2.页眉页脚:将"计算机等级考试一级"设为页眉,宋体小五号,位置居中。页脚为"第×页",位置居中。

3.在两自然段中间靠右处添加剪贴画(与计算机有关的),版式为"四周型"。

4.再次保存编辑好的 DJKS2-BJ.DOC 文件。

三、Excel 操作(20 分)

在 Excel 系统中按以下要求操作,将文件以"DJKS2.XLS"为文件名存于考试文件夹中。

1.按以下样例建立表格,加边框(外边框为蓝色双线,内边框用细线),并输入内容。

2.利用公式计算"平均销售量"和"销售总额"(不用公式计算不得分)。

3.制作包括"商品"和"销售总额"的条形图,图表中要有图例。

4.表头设置为浅蓝色底纹图案,单价数值单元格为浅绿色底纹图案。

计算机配件销售表

季度 商品	第一季度	第二季度	第三季度	第四季度	平均销售量	单价	销售总额
CPU	167	145	234	345		580.00	
主板	138	143	257	368		340.00	
内存	123	133	256	234		120.00	
硬盘	145	171	183	53		390.00	

四、Windows 基本操作(10 分)

1.在考试文件夹中分别用考生姓名和"期末考试 2"建立两个一级文件夹,并在"期末考试 2"下再建立两个二级文件夹"AAA"和"BBB"。

2.将前面的 DJKS2-BJ.DOC 和 DJKS2.XLS 文件复制到"期末考试 2"文件夹中。

3.将前面的 DJKS2.DOC 文件复制到以考生姓名为名称的文件夹中,并更名为"姓名.DOC"。

五、PowerPoint 操作(10 分)

请用 PowerPoint 制作主题为"植树节宣传"的幻灯片(至少两张)。将制作完成的演示文稿以"DJKS2.PPT"为文件名保存于考试文件夹中,要求如下:

1.标题采用艺术字,其他文字内容、模板、背景、颜色等格式自定。

2.要插入图片(或剪贴画)、艺术字等对象。

3.各对象的动画自定,延时 0 秒自动出现。

4.幻灯片切换设置,效果自定。

六、在下面 1 和 2 小题中任意选做一题(10 分)

1.用 FrontPage 或 Dreamweaver 制作一网页文件,内容是介绍自己的学院和专业,其中要插入相关的图片和文字,另外要插入一幅剪贴画(或学校风景)小图片,并设置浏览网页,单击该图片可链接到你所在学校的首页或 www.cqup.com.cn 的超级链接,用文件名 DJKS2.HTM(或 DJKS2.HTML)保存到考试文件夹中。

2. 用 Visual FoxPro 或 Access 制作一班级情况表,其表结构如下:

班级编号	字符型(文本型)	高考总分	数值型
姓名	字符型(文本型)	年龄	数值型
入学日期	日期型		

建立表 DJKS2. DBF(或 DJKS2. MDB),保存到考试文件夹中,同时在表中录入如下数据。

班级情况表

班级编号	姓　名	入学日期	高考总分	年　龄
01234	向阳	2009-9-1	480	18
01235	白灵	2008-9-2	510	19
01236	学森	2009-9-1	520	17
01237	余杭	2010-9-6	530	18

上机模拟测试题 2

注意事项:请各位考生在桌面建立考试文件夹。考试文件夹的命名规则为"学号+考生姓名",如"2008010203 柳叶"。考生的所有解答内容都必须存放在此文件夹中。

一、汉字录入(请在 Word 系统中正确录入如下内容,25 分)

1. 建立表格并在其中录入相应的信息。

2. 录入表格后的文本(文本中的英文、数字按西文方式,标点符号按中文方式)。

3. 以文件名"DJKS2. DOC"保存在考试文件夹中。

姓　名		学　号	

天河一号

芯片厂商 Nvidia 称,中国制造的新型超级计算机天河一号是全球运算速度最快的计算机,将配置逾 7 000 颗 Nvidia 图形芯片。Nvidia 官员称,该超级计算机由中国国防科技大学研制,安装在天津国家超级计算中心,功率相当于 17.5 万台笔记本电脑。运算速度等于 2.5 Petaflops,较美国田纳西州橡树岭国家实验室的全球第二大超级计算机速度快 30%。中国将超级计算机命名为天河一号,跨领域科学家和其他国家将使用该超级计算机。

二、Word 编辑和排版(25 分)

打开以上操作所形成的文件 DJKS2. DOC,完成如下操作,并以"DJKS2-BJ. DOC"为文件名存于考试文件夹中。

1. 页面设置:纸张大小为 16 开,纵向;页边距:上、下、左、右均为 2.0 cm。

2. 排版设置:正文为楷体小四号;行距为 1.5 倍;首行缩进 2 字符;标题为黑体小二号,加粗。

3. 将文中所有的"计算机"替换为"Computer",格式为黑体二号,蓝色,加粗倾斜。

4. 将正文的第一个字设置为首字下沉,楷体,占三行,距正文 1.2 cm。

5. 在"页面视图"下用"计算机"一词制作水印。

6. 在正文末尾处添加艺术字"天河一号"(要求:楷体 40 号字,加粗,居中对齐,样式自选)。

三、Excel 操作(20 分)

在 Excel 系统中按以下要求操作,将文件以"DJKS2. XLS"为文件名存于考试文件夹中。

1. 建立表格,加边框(外边框为蓝色双线,内边框用虚线),合并单元格,并输入内容(数字取两位小数点)。

2. 利用公式计算个人实发工资(等于固定工资、活动工资、岗位津贴、奖金之和,再加上烤火费)和小计。

3. 按实发工资降序排列,小计不参与排序。

4. 用嵌入式柱形图显示各项目小计情况。

职工工资表					
				烤火费	100
项目 姓名	固定工资	活动工资	岗位津贴	奖金	实发工资
张玲珑	987.00	184.00	488.00	68.00	
游　泳	943.00	179.00	462.00	69.00	
白　雪	752.00	167.00	585.00	61.00	
赵　寒	877.00	189.00	698.00	74.00	
小计					

四、Windows 基本操作(10 分)

1. 在考试文件夹中分别用考生姓名和"期末考试 2"建立两个一级文件夹,并在"期末考试 2"下再建立两个二级文件夹"AAA"和"BBB"。

2. 将前面的 DJKS2-BJ. DOC 和 DJKS2. XLS 文件复制到"期末考试 2"文件夹中。

3. 将前面的 DJKS2. DOC 文件复制到以考生姓名为名称的文件夹中,并更名为"KAOSHI2. DOC"。

五、PowerPoint 操作(10 分)

姐姐就要过生日了,请用 PowerPoint 制作一张关于生日的幻灯片。将制作完成的演示文稿以"DJKS2. PPT"为文件名保存于考试文件夹中,要求如下:

1. 标题、文字内容、模板、背景、颜色等格式自定。

2. 要插入图片、艺术字等对象。

3. 各对象的动画自定,延时 1 秒自动出现。

六、在下面 1 和 2 小题中任意选作一题(10 分)

1. 用 FrontPage 或 Dreamweaver 制作一网页文件,内容是介绍自己的学院和专业,其中要插入相关的图片和文字,另外要插入一幅剪贴画(或学校风景)小图片,并设置浏览网页,单击该图片可链接到你所在学校的首页或 www. cqup. com. cn 的超级链接,用文件名 DJKS2.

HTM（或 DJKS2. HTML）保存到考试文件夹中。

2. 用 Visual FoxPro 或 Access 制作一班级情况表，其表结构如下：

班级编号	字符型（文本型）	辅导员	字符型（文本型）
班级名称	字符型（文本型）	固定教室	字符型（文本型）
入学日期	日期型	备注	备注型

建立表 DJKS2. DBF（或 DJKS2. MDB），保存到考试文件夹中，同时在表中录入如下数据。

班级情况表

班级编号	班级名称	入学日期	辅导员	固定教室	备 注
J01234	软件班	2009-9-1	向阳	5-509	Memo
J01235	师范班	2008-9-2	白灵	4-202	Memo
J01236	双语班	2009-9-1	学森	5-525	Memo
J01237	网络班	2010-9-6	余杭	6-208	Memo

上机模拟测试题 3

注意事项:请各位考生在桌面建立考试文件夹。考试文件夹的命名规则为"学号+考生姓名",如"2008010203 柳叶"。考生的所有解答内容都必须存放在此文件夹中。

一、汉字录入(请在 Word 系统中正确录入如下内容,25 分)

1. 建立表格并在其中录入相应的信息。

2. 录入表格后的文本(文本中的英文、数字按西文方式,标点符号按中文方式)。

3. 以文件名"DJKS2. DOC"保存在考试文件夹中。

姓 名		学 号	
系 别		IP 地址	

光纤技术概观(Optical Fiber Technology Overview)

在光纤技术中利用玻璃(或塑料)细丝(纤维)来传输数据。光纤技术的使用完全基于全内反射原理。光线的反射或折射完全取决于它与平面相交所成的角度。光纤系统与铜芯导线系统十分相似。区别在于光纤利用光线脉冲沿着光纤线路传输信息,而铜芯导线利用电子脉冲沿着自身的线路传输信息。纤维的两种类型分别被称为单模(SM)和多模(MM)。

主要的光纤性能规格:

● 衰减:通过很长的纤维时光线强度会减小,以分贝(dB)为单位,参见光损耗。

● 带宽:信号频率或比特率的范围,光纤元件、连接或网络会以一定带宽工作。

● 分贝(dB):光强度的衡量单位,表明相对强度。

● dB:光强度,指假定 0 点。

- dBm:光强度,指1毫瓦。
- 微米(μm):用于衡量光波长的衡量单位。
- 纳米(nm):用于衡量光波长的衡量单位(指一米的十亿分之一)。
- 光损耗:指在光纤、接头、连接器等内传输时光强度的损耗,以分贝计。
- 波长:光线颜色的术语,常以纳米(nm)或微米(μm)计。

二、Word 编辑和排版(25 分)

打开以上操作所形成的文件 DJKS2.DOC,完成如下操作,并以"DJKS2-BJ.DOC"为文件名存于考试文件夹中。

1. 页面设置:纸张大小为 16 开,纵向;页边距:上、下、左、右均为 2.2 cm。

2. 排版设置:正文为楷体小四号;行距为 1.5 倍;首行缩进 2 字符;标题为黑体小二号,加粗。

3. 将文中所有的"光纤"替换为"Optical",格式为黑体二号,蓝色,加粗倾斜。

4. 将正文的第一个字设置为首字下沉,楷体,占三行,距正文 1.2 cm。

5. 在"页面视图"下用"光纤"一词制作水印。

6. 在正文末尾处添加艺术字"光纤技术概观"(要求:楷体 40 号字,居中对齐,样式自选)。

三、Excel 操作(20 分)

在 Excel 系统中按以下要求操作,将文件以"DJKS2.XLS"为文件名存于考试文件夹中。

1. 建立表格,加边框(外边框为绿色双线,内边框用虚线),合并单元格,并输入内容(数字取两位小数点)。

2. 利用公式计算个人实发工资(等于固定工资、活动工资、岗位津贴、奖金之和,再加上烤火费)和小计。

3. 按实发工资升序排列,小计不参与排序。

4. 用柱形图显示各项目小计情况(固定工资、活动工资、岗位津贴、奖金)。

职工工资表					
				烤火费	100
项目＼姓名	固定工资	活动工资	岗位津贴	奖金	实发工资
张玲珑	987.00	184.00	488.00	68.00	
游 泳	943.00	179.00	462.00	69.00	
白 雪	752.00	167.00	585.00	61.00	
赵 寨	877.00	189.00	698.00	74.00	
小 计					

四、Windows 基本操作(10 分)

1. 在考试文件夹中分别用考生姓名和"期末考试 2"建立两个一级文件夹,并在"期末考试 2"下再建立两个二级文件夹"AAA"和"BBB"。

2. 将前面的 DJKS2-BJ.DOC 和 DJKS2.XLS 文件复制到"期末考试 2"文件夹中。

3. 将前面的 DJKS2.DOC 文件复制到以考生姓名为名称的文件夹中,并更名为

"KAOSHI2. DOC"。

五、PowerPoint 操作(10 分)

请用 PowerPoint 制作关于圣诞节的幻灯片(至少两张)。将制作完成的演示文稿以
"DJKS2. PPT"为文件名保存于考试文件夹中,要求如下:

1. 标题、文字内容、模板、背景、颜色等格式自定。

2. 要插入图片、艺术字等对象。

3. 各对象的动画自定,延时 1 秒自动出现。

六、在下面 1 和 2 小题中任意选作一题(10 分)

1. 用 FrontPage 或 Dreamweaver 制作一网页文件,内容是介绍自己的学院和专业,其中要
插入相关的图片和文字,另外要插入一幅剪贴画(或学校风景)小图片,并设置浏览网页,单
击该图片可链接到你所在学校的首页或 www. cqup. com. cn 的超级链接,用文件名 DJKS2.
HTM(或 DJKS2. HTML)保存到考试文件夹中。

2. 用 Visual FoxPro 或 Access 制作一班级情况表,其表结构如下:

班级编号	字符型(文本型)	辅导员	字符型(文本型)
班级名称	字符型(文本型)	固定教室	字符型(文本型)
入学日期	日期型	备注	备注型

建立表 DJKS2. DBF(或 DJKS2. MDB),保存到考试文件夹中,同时在表中录入如下
数据。

班级情况表

班级编号	班级名称	入学日期	辅导员	固定教室	备 注
J01234	软件班	2006-2-1	游泳	5-512	Memo
J01235	师范班	2008-11-2	艮山	4-202	Memo
J01236	双语班	2005-5-12	廿梅	5-525	Memo

计算机应用基础上机指导

责任编辑：尚东亮

封面设计： 周娟 李迅

Jisuanji Yingyong Jichu Shangji Zhidao

ISBN 978-7-5689-0764-4

9 787568 907644 >

定价：25.00元

21世纪高等学校计算机教育实用规划教材

办公软件高级应用与多媒体案例教程

叶苗群　编著

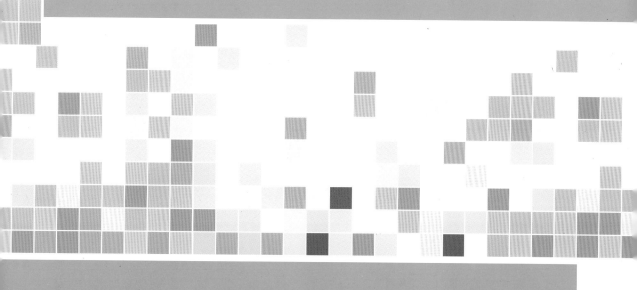

清华大学出版社